U0531478

也许你该找个人聊聊

MAYBE YOU SHOULD TALK TO SOMEONE
THE WORKBOOK

自助练习手册

LORI GOTTLIEB

[美] 洛莉·戈特利布 ——————— 著
张含笑 ——————— 译

上海文化出版社

果麦文化 出品

关于作者

洛莉·戈特利布（Lori Gottlieb）是一名心理治疗师，也是《也许你该找个人聊聊》一书的作者，该书曾荣登《纽约时报》畅销书榜，全球售出超过百万册，正被改编成电视连续剧。

在临床治疗之余，洛莉也是《大西洋月刊》的专栏作家，每周撰写答疑专栏"亲爱的治疗师"，她还参与录制由凯蒂·库里克（Katie Couric）监制的播客节目《亲爱的治疗师》。洛莉经常为《纽约时报》等各类刊物撰稿，她关于"如何改写你的故事从而改变人生"的TED演讲更是2019年度最受关注的十大演讲之一。她也是全美各大媒体节目上广受欢迎的专家嘉宾，她参与过的节目包括《今日秀》《早安美国》《今日早晨》《文艺新风》等。

目 录

作者的话　001

005
第1章　不可靠的讲述者——大胆地审视你的故事

033
第2章　领会言外之意——试图去推敲你的故事

057
第3章　水面下的冰山——揭示你故事的主题和定式

086

第4章 连点成线——
通过亲近他人来亲近自己

113

第5章 最深的恐惧、最高的期望——
终极问题

138

第6章 把手从牢笼的栏杆上拿开——
从洞察到行动

鸣谢　154
梦境日记　155

作者的话

如果你现在手里捧着这本小册子，那我猜你可能已经读过《也许你该找个人聊聊》了。对于上一本书的老读者来说，我接下来要坦白的这件事估计也不会让你们太吃惊：我从没想过会出这么一本工具书。

读过上一本书你就会知道，无论是朱莉、瑞塔、约翰、夏洛特的故事，还是我们每个人的故事，关键都在于：当我们允许他人见证自己的故事，才有机会开启深刻的变化与觉察。我一直都希望《也许你该找个人聊聊》可以帮到别人，但我从来没想把它打造成一本心理自助书。因为它更像是一种经验的分享，而不是在描绘未来的蓝图。书中没有任何处方，也没有什么实践指南，我只是希望大家能重新审视自己的内心，并点燃微妙而强大的自我意识。

但在那本书出版之后，我听闻许多读者都渴望读到更多更深入的内容。他们说自己在书上划重点，一遍遍反复阅读，页角都卷起来了，他们希望能有另一本书来指导他们更好地活用那些划下的重点和记下的笔记。读者们在那本书里得到了比我预想中更丰富的体验，这令我十分欣慰，但我依然无法想象什么样的配套书才能契合读者的需求——我不想只是提供一本金句集锦，我想要创造能带来变革的内容。所以我把这个愿望搁置了起来，归档在"我以后会考虑的事情"这一列，转身投入了忙碌的生活。

后来我基于《也许你该找个人聊聊》这本书，在 TED 上做了一次演讲。那次演讲的底层逻辑也建立在"故事"之上——我们都是讲故事的人，而我们讲述的故事就是我们理解生活的方式；那么，当我们得知自己对这些故事的描述并不准确时，会有什么样的反应？如果那些不准确的描述并没有帮助我们往前走，而是在阻碍我们，该怎么办？如果换一种叙事方式就可以改变生活的航道，我们要不要试着换一个新的角度，修改一些细节，填补缺失的视角？

那次的 TED 演讲在网络上得到了广泛的传播，我要感谢那些写邮件给我的观众、在社交平台上分享心得的读者，还有在读完《也许你该找个人聊聊》之后来找我交流的那些读者，是你们使我终于开始构想，如何为这本书写一本伴读指南。

原书和本书的宗旨是一样的，但在本书里我们要开始和自己对话了。你在阅读《也许你该找个人聊聊》时或许已经对自己有了新的认识，而这本手册将引导你将这些洞察付诸实践，提出探索性的问题，提醒你从新的角度看问题，鼓励你直面内心的不安，并帮助你抽丝剥茧地认识从前的盲区和未曾理解的行为。最后，你会得到一份内心转化过程的记录。你可以把它放在床头柜上，触手可得，而它也会像治疗师一样见证你的蜕变。

所有的好故事都需要被大刀阔斧地编辑，你的生活也是一样。这本手册将教会你像一个编辑那样去思考，它会为你提供工具，让你开始做出你想要的改变。我希望这本手册能让你发现，有时为自己保留一点点纠结的权利，也有其妙处和意义。你要努力破壳而出，用韧劲、希望和真理书写人生的新篇章，让自己借此脱胎换骨。

我很高兴你已经准备好要开始了！

洛莉

第 1 章

不可靠的讲述者——
大胆地审视你的故事

我们究竟在惧怕什么呢？这又不是要你盯着某些黑暗的角落，只要一开灯就会出现一群蟑螂。萤火虫也喜欢黑暗的地方呀。黑暗的角落里也有美好的事物，不过我们总得先去看了才能发现。

一个故事嵌着另一个故事，故事里还有故事。这就是我们生活的缩影。许多细碎的故事堆叠起来，构成了更宏大的叙事，正是这些过往的篇章塑造了我们当下的现状。但谁能保证这些叙事百分之百精准呢？许多人都认为，是他们遭遇的状况决定了他们的人生走向。事实上，在《也许你该找个人聊聊》这本书里出现过的每个人，起初也都是这样认定的。约翰来到我的诊室是因为这个世界快要把他逼疯了：他的家人总是在不停地抱怨，他身边的"蠢货"总是在给他添乱，这一切都令他夜不能寐——至少在他的认知中，是这一切造就了他当时的状态。在人生不如意的时候，我们往往就会觉得自己是受害者，是环境决定了我们的悲惨遭遇。这是因为我们看待事件的角度存在局限性，这个角度忽略了重要的真相，也删减了情节。（其实更有意义、更深刻的问题是：为什么会发生现在的状况？让我们稍后再展开讨论。）

请不要误会，生活中的遭遇当然很重要，境遇会影响我们的人生，有些人的处境尤为艰难。但我们必须牢记两件事。首先，即使面对艰难的处境，有时我们也能创造环境。我想到的是夏洛特，她总是倾向于选择靠不住的恋爱对象，例如在候诊室里跟她眉来眼去的那位小哥。她总是在渴望和失望中反复横跳，但这样的境遇有一部分也是她自己造成的。她总是在重演童年的剧情，在那个剧情里，她在一个不值得信任的人身上寻找爱。这让她感到痛苦，但同时又奇妙地让她感到安全。一开始夏洛特看不到自己在这个剧情中的作用，她只能看到周围的场景和其他角色。

其次，我们要记住，哪怕我们无法选择自己身处的环境，我们依然有能力决定如何对自己的遭遇做出应对。就如约翰儿子的悲惨离世必然会改变他的人生，痛苦是无可避免的，但他依然试图让自己免受丧子之痛的折磨。只不过他采取的方式不是允许自己表现出脆弱，而是给自己戴上面具，用沮丧和愤怒来掩盖真实的情绪，或是偶尔通过出手反击来转移情绪。他让自己相信"没有什么能击碎我坚硬的外壳"，就是凭着这样的信念，他在难以想象的痛苦中应付着生活中的一切。但最终约翰意识到，这个设定并不能给他带来好处。当他把痛苦牢牢锁在心灵深处，拒绝拥有快乐和亲密时，只会让自己更绝望。好在他终于觉察到了这个无底洞，并开始从不一样的角度讲述一个更积极的故事。

但在一开始，约翰需要先认清自己的起点。当时他陷入了"脆弱意味着软弱"的谬论，他需要更仔细地审视自己身处的剧情。我们每个人也都一样，我们想要开始疗愈自己，或是开始使用这本手册时，也需要先认清此刻自己身处的剧情。你对现状的描述或许是对许多因素的综合反映，其中包括外部环境、上一辈向你灌输的真理，以及长期存在的思想及行为模式。想要开始重新编辑这个故事，首先你得把这些现状都写下来。正如我在《也许你该找个人聊聊》中提到过的，要了解自己，必须先抛开对自己的固有认知，抛开那些你塑造出来限制自己的人设，这样你才不会裹足不前，才能活出真实的自己，而不是活在自己给自己描述的故事里。所以尽管你自以为了解自己，但本书第一章的目标是让你抛开判断，动笔书写。这个练习的初衷是培养你观察自己的能力。只有把自己看得更清楚，你才更有可能描绘出接近现实的场景。在完成不同的练习和写作命题的过程中，你会开始收获不同的视角，视野也会越来越清晰。

斟酌叙事的第一种方法，就是尝试记录当下的这一刻。我将这个练习称之为"内心快照"，即你只需记录当下这一刻的故事。

📷 你的第一张快照

几年前，当一位 69 岁的来访者第一次走进我办公室的时候，我看到的是这样一个女人：她行动迟缓，双眼低垂，耸肩弓背，动作举止比实际年龄要老十岁。而一年之后，坐在我面前的仿佛是另一位女士：她言谈生动，充满活力。她就是瑞塔。她曾因为极度孤寂和充满悔恨的生活而想要在 70 岁生日之际了结自己的生命。

瑞塔的这两张"快照"都在我脑海中留下了深刻的印象，两者代表着不同的特定时刻。虽然两者都无法反映出瑞塔这个人的全貌，但它们同样记载着有用的信息。每张快照都向我们展示了属于瑞塔的故事线可以有不同的发展，但在瑞塔刚来到我诊室的时候，她完全不曾看到这些可能性。

当我第一次见到来访者时，也就只能对他们有个粗浅的印象。来访者踏进诊室的时候，就算不是处在最糟糕的状态，也一定不会是在最佳状态。他们可能正感到绝望，也许存在抵触情绪，也可能很困惑，人生一团糟。他们看上去不安，可能是因为这是他们第一次来到心理治疗师的诊室；也可能是因为刚刚经历了流产，所以看起来很沮丧。有时候来访者满脸堆笑，却总是顾左右而言他，和我保持一个安全的距离。但无论他们给我留下的第一印象是什么，我很清楚，第一张快照不能代表这个人的全部。我看到的这一面或许刚好拍摄角度并不理想。其次，当人们试图掩饰痛苦的感觉，可能会干扰我的第一印象，但随着治疗的深入，我们还是会深入探索那些痛苦的感觉。这些摆拍的假象无法让你了解故事的全貌，正如你脑海中一瞬间的想法无法定义你整个人生的故事一样。因此，在使用这本手册的过程中，你将会有许多机会记录自己在不同瞬间的快照。而这第一张快照只是为了记录一个起点。等你实践完了整本手册，你将收获从不同角度拍摄的快照，从而认清自己更真实的模样。

此刻，请静静地花一点时间，好好看看镜子里的自己。要确保和自己有眼神交流。你看到了什么？或者也可以换一个角度，假设你现在走进我的诊室，我将会看到一个什么样的你？请尽可能详细地进行描述。你可以从自己的外表开始写起。你的肩膀呈什么状态？是焦虑地耸着肩还是放松地垂着肩？你看上去是平静还是焦头烂额？接下来，请仔细记录下你这一刻内心的状态——是兴奋、尴尬、焦虑，还是悲伤？请尽量不要对自己下判断，像那面镜子一样保持中立。不过，如果你曾有过发型被剪坏的经历，那你一定能体会突然在电梯门上看到自己的倒影时想要找个地洞钻进去的心情。要正视自己从来都不容易。但当你像心理治疗师那样，心怀慈悲、带着同理心观察自己时，你会意识到：你所看到的只是旅途上的一个瞬间，而这趟旅途，会通往更深入的自我发现。

此刻我看到的是：

_____

_____

_____

你为何而来？

每一个来到心理治疗室的人，都有一个关于他们为何而来的故事要讲，这就是所谓的"主诉问题"。作为治疗师，我们要倾听这些故事，但不能把头一次听到的故事当作是故事的全貌。在我们和来访者共同编辑这些故事的过程中，有些主要的角色会渐渐变成配角，有些本来不那么重要的角色却会受到更多的关注。来访者本身在故事中的角色也会发生改变，跑龙套的也许会变成主人公，受害者也许会变成英雄。当治疗结束时，来访者很少会带着当初来做治疗时讲述的故事离开。

但所有的故事都得有个开头，而在心理治疗中，所有的故事都是从主诉问题开始的，也就是那个促使来访者前来寻求治疗的问题。它可能是一次惊恐发作、一次失业、一个生命的离世或诞生，可能是在一段关系中遇到的挫折，或是无法做出的重大的人生抉择，也可能是一段时间的抑郁情绪。有时候主诉问题也可以很笼统，只是一种被困住的感觉；或是一种虽然说不清楚，但总觉得哪儿不对劲的感觉。

举例来说，当朱莉第一次来见我的时候，她的主诉问题就已颇为明显了：她刚结婚就被诊断出癌症，希望我帮助她渡过癌症治疗的难关，并过好新婚生活。鉴于朱莉的主治医生坚信她在手术和化疗之后会好起来，她不想要专攻"癌症组"的心理治疗师，她只希望作为一个新婚燕尔却遭遇特殊坎坷的来访者而得到帮助。虽然我们治疗的初衷是想要学习如何与癌症和谐相处，最后却没能如愿；但朱莉来接受治疗的初心却是贯穿整个治疗过程的重要叙事线索，即便在她的病情发生质变之后，她依然对自己的体验保持着坦诚，接受"人生必经的部分"。起初，朱莉知道自己需要专业帮助来应付全新的环境：那里有许多肿瘤专家，有代表全球乳腺癌防治活动的粉红丝带，还有正能量爆棚的瑜伽教练；但随着时间的推移，我们的治疗也应她的需求而做出了调整。

不管最初让来访者选择治疗的主诉问题是什么，问题之所以显现，大都是因为来访者已经走到了人生的转折点——我该往左还是往右？该试着维持现状还是踏足未知的领域？（丑话说在前头：使用这本手册的过程跟心理治疗一样，就算你选择保持现状，这本手册给你布置的功课也会把你带入未知的领域。）

但你现在不必担心过程中的拐点。请先开始讲述你的故事，就从你的主诉问题开始。

你的主诉问题

是什么促使你翻开这本手册的？或者更重要的是，此时此刻，是什么促使你在阅读这一页？这个练习将带你探询你为什么想在人生故事中的这个当下开始探索，以及你希望自己在完成这本手册的所有练习之后，会处在一个什么样的位置。以下这些问题可以帮你迈出第一步。

你目前面临最大的挑战是什么？

_____
_____
_____

是什么样的境遇让你想要寻求帮助？

_____
_____
_____

当你开始这些练习的时候，心中浮现出了哪些情绪？

_____
_____
_____

你会如何描述生命中的这一阶段？

_____
_____
_____

你希望读完这本手册之后，自己可以达到怎样的状态？

_____

_____

感受之下潜伏的感受

我们每个人的心里都有一个"觉知的领域"。在心底深处的这个地方，我们其实已经拥有了答案，但这些答案常常被外界的杂音淹没。这些杂音有些来自我们的朋友，有些来自家人和爱人伴侣，又或者来自社会。由于太过在意其他人会如何感知我们的感受，我们渐渐和自己内心"觉知的领域"断了联系。我们对感受的恐惧，比感受本身更可怕。也许是为了讨好别人，也许是因为无法承受情绪在内心翻滚，我们会将自己的感受推到一边，或对其进行调整，但这么一来，我们就无法表达自己最真实的需求和愿望。我们的感受掌握着重要的线索，所以我常对我的来访者说，感受就像指南针，会为我们提供有用的信息，引导我们认清自己想要的东西。我们常常试图抑制或麻痹痛苦的情绪，但正是这些情绪中蕴藏着答案，能让我们知道生活中什么是有用的、什么是没用的。它们会指引我们发现值得留意的事物，没有这些感受，就像开车的时候没有地图。

上一个有关主诉问题的练习或许唤起了你的一些感受——这或许使你渴望了解更多，又或是触发了一些与过去、现在、未来有关的不安。这是一个绝好的时机，让我们细细研究一下这些感受，看看其中还有什么值得学习的东西。我们总是千方百计地逃避自己的感受——用食物、酒精甚至是混乱的境遇来分散自己的注意力。上网也是逃避感受的方法之一。我有一位同事曾经说过上网是"最佳短效非处方类止痛剂"。有时候我们会把自己不喜欢的感受当成烫手的山芋一样扔给其他人。正如你在《也许你该找个人聊聊》里读到的,约翰为了掩盖悲痛和丧失感,便将这些难受的情绪转化成了愤恨和暴怒。你或许难以置信,但其实我们都很会耍这种小手段,把一种感受转化成另一种情绪——把悲痛转化为愤怒,将快乐转化为内疚,又或是将孤独转化为自我厌恶。

追踪自己的感受,并由此联系到自己的行为;或者相反地,通过审视行为来追溯自己的感受,都是建立自我认知的重要手段。我们总会不经意地通过各种方法来逃避那些无处安放的感受,以此达到保护自己的目的。在治疗中,每当棘手的情绪出现时,我常常会看到来访者试图抽身出来,遁入麻木。人们常常把麻木误认为是"什么感受都没有",其实麻木不是感受的缺失,而是人在被太多感受吞噬的情况下做出的反应。我们要去发现隐藏在基本情绪(或麻木)之下更深层的情绪,越是深挖,就越能理解自己的感受,也理解这些感受会如何塑造我们的行为。

举例而言,愤怒是许多人最容易选择的情绪,因为它是"向外"的,这意味着你只需要责怪他人,还可以在表达这种情绪时感觉理直气壮。但愤怒只是一种表层的情绪,我喜欢把它比喻成"冰山的一角"。如果你往表层情绪的下面瞧,就会发现潜伏其下的是你不曾意识到或不想去承认的深层情绪:包括恐惧、无助、嫉妒、孤独、不安全感。如果你能深入了解这些底层的情绪,就能更有效地管理愤怒,也不会成天都充满怒气了。你甚至不会再把身边人都推得远远的。

但为了发掘这些更深层的感受,你需要弄清楚表层在经历什么。想一想瑞塔的例子,当她的生活中开始不断出现美好的事情时——当她和邻居家庭共进晚餐,在网上出售自己的艺术品,她的表层情绪并不是喜悦,而是恐惧。那是一种出于预设的痛苦。"另一只靴子总会掉下来",这就是瑞塔的解读。在瑞塔的故事设定中,她总是在等待事情变糟,所以当她遇到什么好事的时候,也无法确信自己的快乐。除此之外还有更深的一层:她告诉自己,她应该为自己的"罪行"而受苦——她毁了孩子们的生活,对第二任丈夫缺乏同情心,也从未好好经营自己的生活。只有当她能触及,并开始克服心底的负罪感,她才能去体会快乐,并给自己当下的叙事带来新的思路。

这个过程需要时间,所以我们要从小处着手,找出最自然显现的情绪,通过这些情绪来解构你当下的故事。

冰山一角

在这个练习中,你可以根据自己的情况来填空,也可以从词库中获得一些灵感。

基本情绪词库						
困惑	怨恨	不耐烦	气恼	乐观	尴尬	
兴奋	不自在	焦虑	自信	愉悦	感激	
难过	羞耻	愤怒	受伤	自豪	过载	

一般而言,哪三个词最能诠释你平时的情绪状态?

1. _____
2. _____
3. _____

当你处在一个充满挑战的环境中(比如处在压力之下,或是面临冲突时),哪些情绪最常出现?

_____
_____
_____
_____
_____

现在,让我们再深入一些。请你尝试思考一下:这些感受是如何与行动联系在一起的?请记住,这些感受只是冰山一角,更多的情感还藏在水面之下。面对这些已经浮出水面的情绪,我们的处理方式也各不相同。有时我们可能会在内心层面采取行动,比如将愤怒装进一个盒子里,藏在内心的某个角落;或是责备自己一开始就不该陷入不安。有时情绪也会以其他形式推动我们采取行动,比如本能地伸手去拿一杯酒,或是疏远其他人,或是做出大胆、冲动的决定。所有这些行动都能为我们提供重要的信息,它们不仅能帮助我们理解自己故事的发展,还能让我们看到在背后推动故事发展的更深层的潜在感受。在下一个练习中,我们将尝试追根溯源。

行动/反应词库	
转移批评	去散步
转移称赞	去锻炼
责怪别人	放空
责怪自己	小题大做
暴饮暴食	诋毁自己
打电话给朋友	朝朋友或家人大吼大叫
借助其他物质（例如酒精、药物）	退缩或选择孤立
束之高阁	尝试解决问题
给自己一点时间来消化情绪	分散自己的注意力（无意识地浏览网页、沉溺于电视或网购）

当我感到＿＿＿＿＿＿＿＿＿，我常会＿＿＿＿＿＿＿＿＿。

当我感到＿＿＿＿＿＿＿＿＿，我常会＿＿＿＿＿＿＿＿＿。

当我感到＿＿＿＿＿＿＿＿＿，我常会＿＿＿＿＿＿＿＿＿。

当我感到＿＿＿＿＿＿＿＿＿，我常会＿＿＿＿＿＿＿＿＿。

当我感到＿＿＿＿＿＿＿＿＿，我常会＿＿＿＿＿＿＿＿＿。

当我感到＿＿＿＿＿＿＿＿＿，我常会＿＿＿＿＿＿＿＿＿。

你讲述故事的角度

我之前提到过，是许多细碎的故事堆叠起来，构成了你人生更宏大的叙事。在这其中总有一些故事会反复浮现在你的脑海中，总有一些看似毫不相干的故事会让你在一生中不断地去复述，而这都是有原因的。在《也许你该找个人聊聊》里，瑞塔向我讲述的她的第一个人生故事是"爱就等于痛"，这是她从自己与成年子女疏离的关系，以及她经历的几段艰难的婚姻中总结出来的。由此，她决心不再与任何人约会。但经过我们在治疗中的共同努力，瑞塔意识到，她所经历的、她所认定的"爱就等于痛"，其实是她在这些关系建立之前就已经下定的结论，而这个观念也渗透到了她之后建立的每一段关系中。这条故事线从她孤独的童年贯穿至她的婚姻、她为人父母的经历，也延续到她和"亲人家庭"以及麦伦的互动中。

我想说的是，你还不知道哪些故事是最重要的。所以不要想太多，只管去讲述那些自然而然浮现在你脑海中的故事，不要刻意去挑选那些你认为具有关键性，或在你看来与当下现状相关的故事。以下的每一个练习都会试图从不同的角度来解读你的故事。这一章的目标是要你写下一些关键的故事，但不必急于一次答完所有的习题。我们之后会常常回来重新审视这一章中你写过的内容，所以你大可以留出一些空间，日后总会有些隐藏的故事慢慢浮出水面。

人生是一部多幕剧

在下面这个练习中，我们会将你的人生故事拆解成许多"幕"，就好像一部电影或舞台剧那样。请记住，这只是故事目前的样子，你可以把它当作是一份草稿。这份草稿反映了你和过去的关系，也为你生命中发生过的事情赋予意义——包括喜悦、爱、失落、痛苦、感到敬畏的瞬间，还有与他人心意相通的经历，或是感到孤独寂寞的时期。而此时此刻你脑海中浮现出来的内容，才是最有价值的信息。

你或许还记得《也许你该找个人聊聊》的第41章中曾经提到，我们都经历了艾瑞克·埃里克森提出的社会心理发展的不同阶段。个性在社会环境中的建立和发展，取决于我们如何面对和理解人生环环相扣的每个阶段。按照埃里克森的说法，我们在每个阶段都有一个必须度过的危机。比如在青春期，你会探索自己的身份认同，面对自己被赋予的各种社会角色感到困惑，但也不得不努力应对。等到了中年，人们常常会在一种对创造的渴望（感觉自己还有能力去创造和生产新东西）和趋于停滞的状态之间进行角力。

当时年近70岁的瑞塔正在经历"自我实现/绝望"的阶段。在此阶段中，她试图找到一种完满的感觉，让自己觉得人生过得是有意义的（自我实现）。然而，她却被过去未能释怀的悔恨吞噬着，这让她感觉陷入了绝望的循环。即使当她的生活出现转机——当"亲人家庭"张开双臂拥抱她时，当她和麦伦坠入爱河时，当她开启蓬勃发展的艺术事业时，她依然无法享受这些时刻，因为过往的痛苦不断地在给当下的美好生活捣乱。那是因为她还有些几十年前产生的重大危机没完全处理好，她不知道该如何编辑生命中的那些故事。要想摆脱这种让她无法坦然接受喜悦的绝望，她在"编辑故事"的时候需要着眼于其中能体现"自我实现"的部分。为了引导瑞塔，我问她："你觉得你会如何给自己量刑呢？"她回答："应该被判终身监禁，为过去发生的事承受无止尽的折磨。"在这个叙事中她完全没有被救赎的余地，也没有获得假释的机会。

接下来的这个练习会要求你回想自己的生活：是哪些事件和经历

造就了当下的你？请从人生的最初阶段开始，一直写到你现在所处的年纪。你想到的无论是什么，都是重要的，都与你此时此刻的这个练习有关。我需要再次申明，现在还不是编辑故事的时候，你只需要把想到的都写下来。

第一幕：幼儿时期

你人生最早的记忆有哪些？在那些记忆的片段里你有什么样的感受？哪些时刻让你有安全感，感受到被爱？又有哪些时刻让你没有安全感，感受不到被爱？

第二幕：青春期早期

你容易交到朋友吗？你成长的家庭环境安定吗，还是一切都很混乱？你还记得当时自己害怕什么吗？什么又使你快乐呢？

第三幕：青春期后期

高中时你和家人朋友的关系如何？你和自己的关系又如何？（比如，你是如何看待自己的？）当你回想这个时期的人生，哪些"剧情"在脑中尤为突出？

第四幕：二十有余

你追逐过什么梦想？哪些梦想幻灭了？你是远走他乡还是留在故里？

你建立了什么样的身份？

第五幕：而立之年

你开始质疑自己的哪些身份？你重新发现了自己的哪些方面？你是否想要寻求伴侣或生儿育女？结果如何？你是否做出了选择？什么让你感到幸福？

第六幕：不惑之年

在你生命中的这段时间里发生了哪些具有决定性的事件？哪些人或哪些事占据着你这一段人生？是你的伴侣、孩子、朋友、原生家庭、你所属的社群，还是你的事业？

第七幕：知命之年

此刻你会如何定义自己？你是否曾经以为自己会成为什么样的人，现实却并非如此？现在的你是否有哪一面让自己感到惊讶？有没有什么事让你想从头来过？你会如何向自己讲述那件事？（是以同情还是自责的语气？）此刻的你害怕什么？此刻的你不再害怕什么？

第八幕：年过花甲之后

你会对什么感到兴奋？你想要修复什么？有什么会让你想要尖叫？当你想到故事的这个部分，你认为会发生什么——你认为生活将去向何方？朋友和家人所组成的关系网络，对此时的你来说意味着什么？

专注于此时此地

在进行心理治疗时，我们会就来访者生活中的各类事件进行大量的谈话和思考，同样也会留意"此刻"正在发生的状况。我们称之为利用"当下"来推进治疗。通常，我和来访者的交流中发生的事情——比如出现张力、感到气恼或充满温情的瞬间，就是我们会专注探讨的"当下"。比如，约翰在起初几次治疗中总是借着不停看手机和我保持距离，于是我尝试与他一起探索我俩在那个当下的状态——他不肯向我打开心扉，而我感觉自己被晾在一边。通过分析当下的状态，我们找到了更需要着手解决的问题。同理，在心理自助的过程中抓住这些反思的瞬间，检视我们和自己沟通的状态也同样重要。你可以试着这么做：

先把你的手机放到一边（"放到一边"的意思是调至静音并放到另一个房间去，而不是只把它放在你手边，让自己有可能受到声音和画面影响而分心），找一个舒适的位置坐下，可以找一把你喜欢的椅子，也可以坐在沙发上或者地上。如果你愿意亲近大自然，想要坐在室外也完全没问题。然后，请你闭上眼睛，深吸一口气。

像这样给自己一个喘息的机会，可以让你拥有踏实和敞亮的感觉。比如说，如果你刚写下一段童年的艰辛记忆，你可以选择抛开情绪，迅速翻到下一页。你也可以选择停一停，看看有哪些感受会浮出水面。我们总是习惯迅速翻过当下发生的事情，暂停一下可以帮助我们打破这个习惯，获得一个不同的视角。其实你自己也很清楚：有时那只需要一分钟。

当你静下来了，可以试着用下面这些问题帮助自己细细思考：

此刻有哪些感受涌上你的心头？

_____

_____

你的身体有什么样的感觉？（胸口有紧绷感吗？胃或指尖有刺痛感吗？腿在动吗？是否感觉身体轻盈一些了，不那么沉重了？呼吸是深还是浅？）

_____

_____

_____

你现在想做什么？（想要花一整天来做这些练习，还是想把这本手册扔到隔壁房间去？想去冲个澡，还是想去呼吸点新鲜空气，顺便散散步？想给朋友打个电话，还是想开个小差，"摆脱"此刻的感受？）

_____

_____

_____

你现在心里还想着什么人或什么事？你的思绪是不是又回到了刚刚写下的故事上，还是在想一个完全不同的故事？花点时间让自己自由联想，看看思想和身体会把你带向何处。这可能会是你的故事中非常重要的一条支线。

_____

_____

_____

关于感受的故事

你之所以发觉自己很难将整个人生压缩在短短几行字里，那是因为人生本来就是一个故事套着另一个故事，你会有许多素材需要处理。如果想写下更多内容，在这本手册的最后有一些空白页可供使用。你也需要认识到，故事的展开方式是多种多样的。有时，剧情会从一个重大的变故开启，比如约翰在很小的时候突然失去了母亲。而另一些时候，故事是在日积月累潜移默化中徐徐展开的，比如夏洛特和她父亲的关系，父亲从来就没有给过她持续的爱和关注。还有些时候，故事的开端需要你专注于你自身的某个部分，有时候是关于感受的故事。以下的这些问题可以帮助你确定对你来说最关键的一些故事。选择一种感觉，然后写下你的故事。你要留意故事的走向，哪怕它之后会偏离最初的问题。

你可以问自己——
- 我害怕讲述哪些故事？
- 关于友谊我有什么样的故事？
- 关于爱情我有什么样的故事？
- 关于自己的身体我有什么样的故事？
- 关于我的情绪有着什么样的故事？
- 哪个故事能体现我的最佳品质？哪个故事又体现了我最糟糕的品质？
- 哪个故事能体现我的渴望？
- 哪个故事记录了我的耻辱？

助演角色和"帮倒忙"的角色

目前为止写下的这些故事里,你都是其中的主角。现在,我要请你想一想你故事中的配角们。或许我们都是自己故事中的明星,但请记住:人们在不同的人际关系中会呈现不同的样貌。你或许还能回想起《也许你该找个人聊聊》中我遇到的一位棘手的来访者,她叫贝卡,她来找我是因为在社交生活中遇到了困难。她觉得自己在职场中受到排挤,因为同事从不邀请她去吃午饭、喝东西,这让她感到很伤心。她在亲密关系中也不顺利:和她约会的男性起初都表现得对她很感兴趣,但不出几个月就谈崩了。

在此期间,我留意到的一点是,贝卡对自己的情况几乎没什么好奇心。当我问,她认为是什么原因让大家都想远离,她会说约会的对象是害怕做出承诺的人,她的同事都很势利眼。当我想把她的注意力转移到治疗室里,探讨当下我俩所处的状况——也就是她对我感到失望、认为我并没有在帮助她——的时候,她会强调,这样的僵局只存在于我俩的关系中,她在生活中从来没和其他人搞僵过。但其实,我向她提出的问题,并不是关于她的同事、她约会的男人,又或是我。我提问的目的是想让贝卡认识到,早年的经历是如何影响她,让她成为现在这样的人。她似乎在和我,以及她周围的许多人重演她小时候就写下的一段故事,但她自己并不愿意认识到这一点。

观察我们身边的人,并不是为了把责任推卸到他们身上,而是要从中发现自己在关系中的模式,从而把现在和过去剥离开。我们是在不断重演过去的情节吗?我们故事中的那些人——那些配角——是在给予我们帮助,还是在帮我们维系一种定式?当然,世上必然存在难相处的人。有句俗话说:"在断言别人抑郁之前,你得先确定他们是不是每天都要面对一群混蛋。"不过,有时我们不自觉地就会和那些容易让自己重蹈覆辙的人扯上关系,又或是选择以一种对自己有害无益的方式来应对他们。

所以,让我们仔细审视一下你生命中的那些关系,那些在你内心最具影响力的故事中占有一席之地的关系。那个人可能是你的父亲或母亲,你的兄弟姐妹,或是亲密的朋友,也可能是你的第一任老板,一位老师,或是你童年时一位友善的邻居。

问一问自己:谁在你的人生故事中扮演着积极的角色?你从他们身上学到了什么?有什么是你需要却没有得到的?有什么是你需要且得到了的?

现在，再让我们来看看那些在你讲述的故事里帮倒忙的角色。

请以当下为基准，想一想你的故事，或是想一想你之前描述过的主诉问题。有谁在给你的故事增加不安的因素吗？在你心目中，有人在扮演恶魔的角色吗？在你们艰难的关系中，他们具体承担了什么样的戏份？你们现在还有联系，还是不再联系了？你们之间还有话没有说完吗？如果什么都可以说，那你会说些什么？为什么那些话你至今都没说呢？

现在，请重写一遍这个故事，这次要从"他们"的角度来写。在你的想象中，他们会如何描述你在这段艰难关系中扮演的角色呢？请用第一人称从他们的角度写下这个故事，就好像是他们本人正坐在治疗师的沙发上叙述那些情形。你能在两个版本的故事之间发现重合的地方吗，哪怕只是一些很小的共同点？这些共通之处又是什么呢？

第一次复盘

在我们进入第二章之前，请利用以下空白页回顾一下：到目前为止你对自己有什么新的认知？有哪些发现令你感到惊讶？哪些故事与你现在的主诉问题最有关联？当你从另一个角度审视自己的故事，你收获了哪些洞察？

第 2 章

领会言外之意——
试图去推敲你的故事

人们常常杜撰出失之偏颇的故事，好让自己在当下能好受一些，但从长远来看这样只会让他们更难受。有时候人们需要——领会言外之意。

大多数巨大的转变，都是靠我们用数百个微不足道、甚至难以察觉的一小步累积而来的。在上一章里，我们已经逐步开始收集你的故事，接下去我们要深入研究这些叙述，看看你是如何讲述这些故事的，看看你的叙述是否准确反应了真实的状态。

有些深深植根于内心的叙事已经陪伴我们太久了，以至于常常和我们的自我认知交织在一起。我们是我们口中的自己。我们在叙述、传达着自己的个人历史，包括曾经发生过的事、一路走来的经历，还有我们思维和行动背后的原因。但就像所有故事一样，我们如何理解生活中发生的事，取决于我们叙述故事的视角。正因如此，每当我倾听来访者的讲述时，我不仅关心实际发生了什么事，更要留意每个人对事情的叙述方式。他们的讲述是不是故事的"唯一版本"？他们是否知道这个叙述还有推敲的余地，知道每个人的经历都可以有很多种版本的叙述？

对于《也许你该找个人聊聊》中的人物来说，最需要修改的就是那些根深蒂固的叙述方式。比如约翰，他的防御机制让他在讲述中把自己说得比别人都更能干；瑞塔深信爱和幸福只会通往失望和痛苦；

夏洛特认定与她亲近的人最终总会令她失望。在那本书的结尾,这些人讲述的故事都有了巨大的改变,我有理由相信,在完成这本手册中的练习之后,你也会有相同的体验。

每个人都深深渴望理解自己,同时也渴望被别人理解,但我们会不会被自己所编撰的人设困住了呢?如果我们脑海中的故事情节在某种程度上限制了自己,那我们又如何能生活在忠于现实而充满意义的世界里呢?如同书中的约翰、瑞塔和夏洛特一样,我们也时常会发觉自己陷入了行为模式或思维模式的泥潭,而正是这些行为或思维模式让我们故步自封,就像比尔·莫瑞在《土拨鼠之日》中扮演的角色一样,每天都踩进同一个水坑。我们常常会问自己:我为什么一直在重蹈覆辙,重复做着那些注定会让自己陷入不幸的事情?但当我们能更仔细地去观察自己对"现状"的叙述,就能收获有价值的洞察,了解这种叙事方式是如何形成的,也能在此过程中认识到,为什么自己叙述中的某些部分经不起推敲。这些情节中的漏洞可能是由来已久的,也可能是最近出现的,但无论如何,发觉这些漏洞,能帮助我们避开泥泞的水坑。

在本章的前半段,作为自己人生故事的编辑,我们会开启一项重要的任务:领会自己的言外之意。我们要通过这个任务来深入了解自己是如何对自己和别人下定义的,寻找故事里比预想中有更多改写空间的地方,从而确定该从何处入手去重新讲述那些有失偏颇的故事。

想要改写你的故事,首先必须对自己的故事建立更深入的认知。不然的话,带有缺陷的叙述会影响你的每一个选择和决定,甚至在不知不觉中影响你每天所做的一切。

面对每一个来访者,我都会好奇他们在自己的故事里选择保留或删减了什么内容，好奇是什么促使他们选择这样的叙述方式，也好奇这种讲述方式会如何影响我对他们故事的理解。在这本手册里，我们会从一个不同的视角来探讨这个过程，但我同样希望你能在自己的故事中找到值得推敲的空间。这需要你摒弃平时给自己讲故事时惯用的思维模式。在进行这一实践时，重要的是培养不带偏见的好奇心，并学着体恤自己。在本章的后半段，我会分享一些工具和实践习题，来帮助你培养将旧观点转换成新视角时所需的技能，也帮助你在此过程中始终善待自己。

你的"人生一句"

我们给自己讲的故事总是复杂而微妙，但令人惊讶的是，这些故事通常都能被提炼成一个简单的句子。让我们姑且把这称作是你的"人生一句"吧。这句话总结了你截至此刻的人生状态。它是你定义自己的方式，但它也有可能会以某种方式让你受到局限和束缚。好消息是你不必拘泥于你的叙述（正如你会在后续章节中读到的那样）。当你在这本手册里以自我质询的方式领会自己的言外之意时，你会开始发现那些可以推敲的地方，摒弃毫无益处的既有模式，同时在你所做的每一件事中找到新的可能性。

当约翰第一次来做治疗时，他的自我总结是这样的："我身边都是蠢货。"与此同时，他自己也很磨人，还在言语上冒犯我。他说不希望妻子知道他来找心理医生，所以在治疗结束时他要付我现金，就好像我是他的"情妇"。他还说，鉴于我不是那种他会选作情妇的类型,所以我更像是"应召女郎"。虽然我知道这种令人反感的行为是一种自我保护的方式,让约翰可以和我保持安全的距离,但约翰没有意识到,他管理情绪的方式反而会让他感觉更糟糕。

经过了一次次的治疗,我开始领会约翰的"言外之意",于是一个新的故事开始呈现出来,这个故事揭示了更深层次的弱点、各种纠结和挣扎,还有被掩盖的、无法被言说的悲剧。这就是心理治疗的本质。作为心理治疗师,我们有责任尽力看到来访者最真实的样子——哪怕他们为了避免丢脸而试图隐藏自己的感受,哪怕他们在内心支离破碎的时候还佯装自己没事。只有尽力寻找叙述中可以推敲之处,我们才能发现是哪里出了问题,从而使来访者与治疗师一起努力解决这些更重要的问题。

约翰的粗暴言行是他面对痛苦的一种防御机制。在他六岁的时候,他母亲死于一场车祸。多年之后,当他驾驶的汽车与一辆SUV相撞后,车里他六岁的儿子盖比也失去了生命。这两次重创在约翰周围筑起了一道坚不可摧的墙。他躲在一副虚假的面具后面,摆出一副"是呀,悲剧是发生了,但我没事,没有什么能触动我,因为我非同一般"的样子。约翰给自己附加的标签在短期内保护了他,但从长远来看,这种信念绑架了原有的剧情并使他的人际关系陷入紧张,最终让他体会到了极致的孤独。

以下练习将以两种不同的方式帮助你提炼自己的"人生一句"。第一个练习将帮助你识别那些最常出现在你脑海,体现你根深蒂固观念的故事——就像约翰口中不断重复的故事。第二个练习将把你带回上一个章节,去寻找更多线索。当你在学习领会自己的言外之意时,请牢记,你的故事一直都会有新的展开,所以当下的定义只是学习进程中的暂用标题。

找到你当下的"人生一句"

让我们从这里入手——当你反省自己、思考人生的时候,以下哪些表述最能引起你的共鸣?在空格上打个勾。

_____好日子还在后头呢。

_____我遇到的事一般都会船到桥头自然直。

_____没有人真正理解我。

_____每件事都让我焦虑。

_____我比大多数人都聪明。

_____我习惯讨好别人。

_____我害怕与人亲近。

_____人们总是远离我。

_____我太容易坠入爱河了。

_____我没有任何真正的才华。

_____我的价值取决于我能为他人提供什么。

_____我会从过去的错误中吸取教训。

_____我害怕失败。

_____我可以通过努力拼搏得到我想要的东西。

_____一切都必须保持完美。

_____哪怕我尝试了,事情往往总是事与愿违。

_____我让别人感到畏惧。

_____ 我是个老好人。

_____ 人们会利用我。

_____ 在大多数情况下,我必须是正确的。

_____ 我让人觉得"过分"。

_____ 我很好相处。

_____ 我需要大家喜欢我。

_____ 我非常害怕改变。

_____ 我认为自己的成就并非源于自己的努力或能力。

_____ 我对自己很苛刻。

_____ 我无法信任别人。

_____ 我比较相信自己。

_____ 大多数人都是好人。

_____ 若别人爱上我,不会有什么负担。

_____ 若别人爱上我,会感觉并不轻松。

_____ 请添加你自己的描述:_____

_____ 请添加你自己的描述:_____

回顾一下你打勾的内容,想一想这些看法是在什么时候、如何形成的。例如,如果你勾选了"大多数人都是好人"这一条,那么这个命题第一次出现在你的故事里是什么时候?在你成长的家庭和社区里每个人都会互相关照,还是你本来对人较有戒心,但后续的经历推翻了这个观点?你会如何描述自己所做的大多数决定?它们都是积极的吗,还是会反应出你对世界和自己的不信任?哪些表述限制了你去建立有助于个人成长的心态,哪些表述又对此有益?如果一定要你选一句话来表述你不断往里跳的那个"坑",会是哪一句?有没有哪一条表述最能概括此刻你的生活?如果有,那它基本上就是你当下的"人生一句"了。

_____

_____

_____

_____

联系到故事的全局

在这个练习中,让我们来看看你总结的"人生一句"如何能够与你人生故事的全局联系在一起。首先,让我们回过头,读一读你在第一章里写下的一些故事。我的建议是先看看你在"主诉问题"中写下的答案,然后再回顾你在"人生是场多幕剧"中写下的故事。这样你就可以感受到在你的过去与当下之间是否存在一些交叉的主题。接下来,请从刚才"人生一句"的练习中选择一条最能概括你当下这个生活阶段的表述,并尝试从字里行间读出更多信息,看看你的"人生一句"和你正在尝试描述的人生故事全局有着什么样的联系。

举个例子——

人生一句:在大多数情况下,我需要大家喜欢我。

故事全局:在主诉问题中,我提到总是感觉自己不被朋友们"看到",不被他们真正理解。我想,这是不是因为我害怕在朋友们身边展现出脆弱的一面，害怕表现出性格中的这一面会让自己不受欢迎？或许我该试着在他们面前做回自己，或许这样会更便于他们来理解我。

人生一句：

故事全局：

痛与痛苦的区别

在《也许你该找个人聊聊》中，我所获得的最大的启示来自我的治疗师温德尔。当我在治疗中反复絮叨前男友的时候，温德尔站起来，穿过整个房间走到我身边，用他的大长腿轻轻地踢了我一脚。

"刚刚是发生了什么？"

"我看你似乎挺享受让自己痛苦的感觉，所以我想我可以帮你一把。"

他睿智地解释了痛（pain）和痛苦（suffering）之间的区别。痛是无法避免的，它是人生的一部分。生而为人，大家都会经历疼痛，但我们可以选择不让自己那么痛苦。温德尔说："感觉到痛不是出于你的选择，但你选择了让自己痛苦。"

他是对的。当我反复讲述有关男友的故事，我在为自己制造痛苦；当我在网上搜索他的消息，并用我找到的蛛丝马迹编造出一些故事，只会让我得出一个更残酷的结论：我不完全值得被爱。

疼痛可以为我们提供许多线索，告诉我们生活中哪里出了问题，哪些事可能需要做出改变。没有人喜欢体验疼痛，所以我们会想尽一切方法逃避它。我们会粉饰疼痛的感受，或是因为疼痛而对别人大发雷霆。更多时候，我们会把这种感觉内化，并谴责自己。所有这些行为都有助于缓解疼痛，但也把原本可以对我们有所帮助的疼痛扭曲成了难熬的痛苦。

所以，我们如何才能摆脱痛苦呢？

尝试读出自己的"言外之意"，或许就能帮到你。当你重新审视自己故事中的痛点，你会开始读出这些疼痛在向你诉说什么，你又是如何将其转化成一种痛苦的。你可以把以下练习当成是温德尔踹我的那一脚，试试看它会如何点醒你。

找到痛点

首先，回想一下你在寻找"人生一句"时是否有任何疼痛的感受浮上心头？这或许是一种自我价值感或安全感的缺失，也可能是你意识到自己经常被别人利用或低估，又或许是有些事你想做却还没有完成。

在认清了自己的"人生一句"之后……

在了解自己的过程中，让我感到疼痛的是＿＿＿＿＿＿＿＿。
对我来说，最常见的疼痛之源是＿＿＿＿＿＿＿＿＿＿＿。
我人生中经历过持续最长时间的疼痛是＿＿＿＿＿＿＿＿。
我注意到，因为＿＿＿＿＿＿＿＿＿我有了新的疼痛体验。

当你在此刻总结自己的人生，你还会想到哪些痛点？

_____

_____

现在你已经找到了痛点之所在，但你又能从中得到哪些收获呢？花时间仔细思考每一个答案，认真考虑一下这些痛的感觉会不会从某种层面上使你得益。哪怕最不堪的经历都能在我们的生命中起到作用，无论好坏。例如当我们和恋人分手时，疼痛的感受可以让你和那个人保持某种联结，哪怕你们都已经不再跟对方讲话了。当你把某个项目拖延到最后一秒，使自己不得不熬夜时，痛感可以提醒你下个项目要早点着手动工。这里的答案没有对错之分。只要你觉得某些情绪在你的故事里起到了一点作用，就尽管把它们写下来。

我因为_____感到疼痛，这让我能够_____。

我因为_____感到疼痛，这让我能够_____。

我因为_____感到疼痛，这让我能够_____。

我因为_____感到疼痛，这让我能够_____。

凭借坦诚，找到可推敲的空间

在自己的人生故事里读出言外之意，可以帮助你发现其中的一些空间，从而改变故事走向，或调整叙事重点。这能帮助你更坦诚地面对自己。有了这种坦诚，你就能找到可以推敲的地方，并有能力去实现成长和改变。

《也许你该找个人聊聊》中的来访者朱莉最让我钦佩的品质之一就是坦诚，她愿意直面生活中惨淡的现实。三十多岁就被诊断为癌症晚期，对朱莉来说是毁灭性的打击，但她并没打算用陈词滥调来缓解自己情感上的痛苦。在我第一次见到她时，弗兰纳里·奥康纳说过的一句话就浮现在我的脑海："真相不会因我们的承受能力而改变。"

朱莉没有为了自保或保护他人而逃避真相，这一点非常难得。大多数人都会下意识地选择逃避。我们必须靠有意识的努力，才能真正看清是什么叫我们害怕、让我们羞愧，又是什么真正带给我们快乐。想一想：你曾多少次为了保护别人的感受而说了善意的谎言？比这更难意识到的是我们对自己不够坦诚的时刻。你或许会尝试说服自己，你只是在跟你的伴侣"经历一段艰难的时期"，"伴侣间这样的争吵都是正常的"。又或者，你会像我的来访者夏洛特那样，明明有酗酒问题，却说自己"晚上只是小酌两杯红酒应酬应酬"。

通常，当我们发现自己口中说出的话和现实不怎么对得上号时，就会迅速切换话题，因为在某种程度上，我们知道在那个话题下潜伏着一些让人不安的东西。我们不想被人提醒自己的叙述与事实不符，所以本能地加倍向自己灌输故事最初的版本，哪怕那个版本对我们来说没什么好处，但至少它让人感到安全和熟悉。但正如朱莉在治疗中的经历一样，找到一个更坦诚的空间，也可以帮助我们在自己的故事中找到新的出路。

朱莉在大学辛苦耕耘多年才终于获得终身教授职位，可是当得知自己罹患癌症后，她却申请了一份在超市当收银员的工作，这个决定似乎完全不符合她的人设。在朱莉一生中的大部分时间里，她都在规避风险，完成计划好的事，走规划好的路线，这样最能让她感到自在。但癌症诊断和生死攸关的意外冲击改变了她的观点，催化出了极致的诚实，并促使她进行反思。如果她真正想要的是贡献看得见的价值和融入社群，那何不去超市为左邻右里打包杂货呢？但在做出这一重要决定之前，朱莉必须在自我认知中发现一些可以被重构的地方。只有放下死板的叙述，新的情节才能为她打开大门。

在接下来的几个练习中，让我们在自己的故事中找到可以调整的地方。不是要审问自己，而是温柔地推动自己，试着跟自己唱一下反调。请勇敢地见证自己进行下列练习，这不过是一个新的机会，让你把自己推出舒适区，从而探索深层的渴望，探知你的能力和未来的可能性。

再次斟酌主诉问题

回到前文的"主诉问题"，读一读你写下的答案。现在，假装你是第三方，比如一位关心你的朋友或治疗师，一个尝试解读你言外之意的人，或许这个人还会温柔地点出你叙述中的漏洞。

在对主诉问题的初步评估中，你是否有所保留？你认为最可能是什么原因让你遗漏了那些考量？如果当初分享了这些内容，会给你带来什么样的感觉？

找出明显被遗漏的那个问题——那个现在看来很重要,却在当初第一次写下"主诉问题"时被你漏掉的问题。

回过头去看,有没有哪些地方被夸大了,或是被低估了?

这些全新的、更清晰的认知,是否改变了你对形势的看法?你是否看到一个前所未见的机会,可以让自己发生改变?

隐藏的幸福

我们在前一章中提到过，每当瑞塔遇上好事，她总是很难拥抱幸福和喜悦。我在《也许你该找个人聊聊》中分享过一个术语："幸福恐惧症"。瑞塔深陷抑郁，而且她几十年来都在不断贬低自己，这让她变得无法应对积极的情绪。她认为自己不配拥有这样的情绪，并且在她看来，这种状态也不会长久。所以她对自己说：别太安逸了，另一只靴子总会落地。

对自己坦诚，探索自己的感受，不仅意味着自揭伤疤，也意味着要去了解自己是如何应对和体验愉悦的情绪的。和疼痛的感受一样，愉悦的情绪也能向我们揭示许多信息，会在意想不到之处为我们指明人生故事中可以进行调整的地方。

在下一个练习中，请如上一个练习一样，跳脱出来，站在旁观者的角度观察自己。这次请扮演一个完全中立的观察者——而不是如同朋友或家人那样与你关系亲近的人。这个人或许是咖啡店里经常接待你的那位服务员，或是会向你推荐读物的那位图书管理员。如果你要向他们讲述这个故事，他们会怎么看呢？

从你的生活中选择一个让你充满情绪的事件或时刻（也可以是你已经在练习中写过的故事）。它或许是你最近做出的一个重大决定，或许是你和某个亲戚之间发生的冲突，或许是别的什么好事，却使你心神不宁。试着用三四句话向你想象中的这位陌生人概述这个故事。

你认为这些陌生人会对你的故事有何反应？他们能理解你的感受吗？你的故事会让他们感到激动还是忧虑？他们会说"你一定很兴奋吧"，还是会说"哎呀，可别太激动了，这可不一定是什么好事"？

你能不能从一个全新的角度来审视自己的描述？有没有哪里可以被修改？比如说："虽然从家里搬出去住这个决定听起来有点吓人，但我也可以把它看作是和新邻居交朋友的机会，还可以让自己有机会获得新的人生体验。"

学会自我关怀

如果你对自己很苛刻，你也很可能会苛求别人。这一点在《也许你该找个人聊聊》中的约翰身上体现得最为突出。但事实上，我一直都在目睹这样的情况。在治疗中，我们会谈到自我关怀和善待自己所能带来的价值。有些人害怕自我关怀，担心这意味着放任自流。我们总是会对自己有一定的要求，自我关怀并不意味着对自己不负责任。过分严苛地对待自己并不会提高你吸取经验的能力，只会让你更痛苦。当我在治疗中遇到喜欢自我谴责的来访者，我经常会说："此刻最不适合你的聊天对象或许就是你自己。"

我经常会让来访者记录下两次治疗之间他们脑海中出现的声音，以便我们在下一次治疗中对此进行探讨。大家总会惊讶于自己对待自己的苛刻程度。有一位来访者甚至无法读出她自己写下的内容。她坐在治疗室的沙发上，泪流满面地说："我完全没有意识到我竟是在如此欺凌自己！"她告诉我，当她在写邮件的时候犯了一个小错误，那个声音会说："你怎么这么蠢！"当她在镜子里看到自己的样子，那个声音就会说："你今天看上去糟透了！"当她看到一对情侣手牵着手走在街上，那个声音又会说："你永远也不会找到另一半。"

我们不会意识到自己脑子里在上演什么戏码，因为对我们来说这些都是习以为常的事实。夏洛特坚信男人们跟她处不长久是因为她本身存在某种缺陷。瑞塔认为自己是个坏人，理应受到惩罚。约翰相信只要他表露出自己的情绪就会让家人失望。但这些内心独白只是故事的一个版本，而且结果证明，那是一个被扭曲的版本。

自我关怀让我们能够更全面地看待自己。我们应该意识到，人本来就是多元而复杂的，我们需要不断学习、调整和成长，而不是用二元视角审视自己和自己的故事，什么都要非善即恶、非此即彼。自我关怀不仅能培养你善待自己的能力，还能在各个层面上培养你待人接物的善意。

钻进自己的脑袋里

在这个练习中，我会根据我在治疗中对来访者的要求，给你布置一个简化版的任务。你不需要连续好几天记录在你脑海中出现的声音，只需要记录一天中的内容。如果你能做到，请把这本手册带在身边，并仔细倾听自己脑海中的声音。

起初你可能不会注意到这个声音，因为它就像房间里一直开着的一台收音机或电视——你已经习惯了这种背景声音，以至于你没有真的在听。但其实你是可以听清的，只要你集中精神，写下你听到的内容。记住：在写完之前，不要去编辑，也不要回过头去阅读你写的任何内容。

现在，回过头读一读你脑海中的内容，你留意到了什么？有没有什么内容让你感到吃惊？又有哪些内容并不让你感到意外？

温德尔曾经指出，我们在一生中跟自己交谈的次数比跟其他任何人交谈的次数都要多，但我们对自己说的话也不都是友善、真实和有帮助的，有时甚至都不能尊重自己。如果是对着我们爱的人、在乎的人，比如我们的朋友和小孩，我们是绝不会说出那些话的。所以在治疗中，我们要学习聆听内心的这些声音，学习更好地和自己沟通。所以，现在就让我们来仔细研究一下。

从之前的练习中，选出一条你曾想过或写过的有关自己的负面描述。

你对自己说了什么负面的话？

_____
_____
_____

现在，根据手头的这份描述，向自己询问以下问题：

这样说话友善吗？如果不友善，有没有更友善的方式来表达？

_____
_____
_____

这是事实吗？如果不是，那真正的事实又是什么样的？

_____
_____
_____

这样说话对你有用吗？如果没有，那更有用的应对情绪的方式是什么？

_____
_____
_____

编辑这个故事的另一个方法，就是从另一个人的角度来重新构建它的表述。假如你现在需要将这个信息传达给你爱的人，你会怎么说？

举个例子：

原来的表述："你今天不可能完成那幅画。你只会像昨天那样继续拖延。"

重组的表述："昨天归昨天，你现在怎么才能腾出些时间来画这幅画？"

原来的表述：
_____
_____
_____

重组的表述：
_____
_____
_____

旁观者的洞察

思考一下别人看待你的方式，也能让你改变自己的看法。在最后的这个练习中，请从你在本章中写下的内心故事里选出三到四个元素。这些描述的片段可以是友善的、真实的、有帮助的，也可以不尽然。你挑选的句子可以是"我无法被爱",或"我无法相信任何人",或"我将永远一事无成"。现在,请花几分钟时间,尝试借由他人的视角重新讲述你的人生故事。这个人对你或许有不同的看法,她(他)或许是一个支持你的亲戚,一个钦佩你的熟人,或许是一个在连你都无视自己的优点时还能看到你最好的一面的朋友。用这个人的口气来讲故事,看看这个故事和你脑海里的那个版本会有哪些不同。

📷 第二张快照

既然你在培养自我关怀的能力,那么此刻是记录第二张快照的好时机。当你用更善意的滤镜观察自己时,你看到了哪些变化?

第二次复盘

在进入下一章之前,请利用以下空白页,记录你在揣摩自己的"言外之意"时发现的所有启示或见解。其中隐藏的细枝末节有没有让你感到惊讶?你有没有把这些细枝末节与你受困的感觉联系起来?当你能够对自己怀抱同情,能够对一些负面的表述进行重构时,你有没有在自己的故事里找到可以进一步推敲的地方?你认为哪些描述存在缺陷?哪些描述并没有给你带来好处?你想要修改哪些描述?

第 3 章

水面下的冰山——
揭示你故事的主题和定式

　　心理治疗的过程有一个有趣的悖论：心理治疗师为了治疗来访者，需要尽量看透来访者的真实状况，这就意味着要看到他们的脆弱、他们根深蒂固的行为模式和内心挣扎。来访者当然想要寻求帮助，但他们也想让别人喜爱和欣赏自己，换句话说，他们会隐藏自己的弱点。

在上一章节中，我们针对你的故事内容进行了深层次的分析，尝试领会"言外之意"，并从庞杂的叙述中提炼出本质。希望你已经有了一些出乎意料的发现，或是已经改变了对既有叙事的看法。当你不断练习以更开放的观点审视自己的故事时，你就能感觉拥有了更多的可能性，或至少增加了对这些叙述的好奇心。

秉持这个态度，我们要在本章节中专注于人生故事里支线情节的主题和定式。截至目前，你大概已经清楚地知道哪些叙述对你并没有帮助，或者说你想要调整哪些叙述。就让我们针对这一点来推进下一步。想象自己是一名优秀的编辑，你可以通过拆解这些叙述，更清楚地看到是什么阻挡了你的脚步，令你陷入困境，让你看不清前进的道路。我们将会看到人们最常使用哪些伎俩将自己禁锢在自己的观点中，并具体鉴别你在自己的故事中应用了哪几项。

不过，在进行下一步讨论之前，让我们拿出一分钟来定义本章的两个关键字："主题"和"定式"。你或许会想起中学语文课上所说的：主题指的是某个故事（或某件艺术作品）的中心思想或深层次含义。你通常可以把这个主题归纳成一两个词。举例来说，有一天，瑞塔来我诊室的时候拿着一本艺术作品集,里面是她的一些素描作品,内容都取自她自己的生活,这个系列也被做成了印刷品,放在她的网站上出售。尽管这些素描作品每一幅都很不一样,但它们拥有一个统一的"主题":希望、衰老和时间。这些作品风格幽默诙谐,但统一的主题揭示了它们的深度。我们的人生故事也是这样——无论情节、人物还是背景设定,深究这些元素的任意组合,都有助于揭示故事更深层的含义。

在我每天听到的故事中,所谓的"定式"通常能够印证来访者叙述中的潜在主题。这里的"定式"可以被理解为是一种反复出现的反应或行为模式。举例来说,在《也许你该找个人聊聊》中,我写到过一位名叫萨曼莎的来访者,她二十几岁时来寻求治疗,想要理解她深爱的父亲离世时发生的事。小时候,她被告知父亲是在船难中去世的;但长大之后,她开始怀疑父亲是死于自杀。与此同时,萨曼莎还总是在情感关系中给自己找各种麻烦,总是去寻找那些一定能给她借口脱离某段关系的问题。这就是行为定式的一个例子:当萨曼莎遇到新的对象,开始一段新恋情,就会触动一系列的连锁反应,最终会导向一个意料之中的结局。

接下来才是最精彩的部分。如果你仔细分析,会发现"离弃"是贯穿在萨曼莎两个故事中的"主题"。因为不希望自己的男友像父亲那样变成记忆中的一个谜,她无意识地创作了一个有关离弃的故事,只不过在这个故事中,她成了主动抛弃别人的一方。她得到了主动权,却落得个孤家寡人的结局。这个故事的信息量很大,但从中你可以看到定式和主题是如何联动的。你可以在每一个故事里分别找出这两个元素,仔细观察这两个元素是如何体现在你与别人的关系里,以及如何体现在你所做的决策中；你也可以横向对比自己的几个故事，看看这些主题是如何重复出现的。不论用哪一种方法，作为自己人生故事的编辑，我们都需要具备在自己的叙述中找出主题和定式的能力。

发现思维和行动上的循环

只是一点点历史的重演

我们总能从那些最重要的关系中找到自己身上最根深蒂固的一些定式。我在《也许你该找个人聊聊》里说过："我们总是嫁给自己未竟的理想。"这个比喻不仅仅体现在亲密关系中，我们也常会通过其他各种关系来回应过去。我们与上司或其他权威人士相处的方式，可以反映我们以前是如何应对家长和老师的；我们在友情里追求的是友爱互助还是勾心斗角，反映了我们在幼年的关系中学到的东西——我们会对别人有什么样的期许，别人对我们又有什么样的期许。

夏洛特在开始治疗后没多久，就在自己的讲述中展现了她与人交往的定式。她反复告诉我，吸引她的男生都有一个共同点：求而不得。大多数人所谓的"型"是一种被吸引的感觉：可能是吸引他们的一种外貌类型，也可能是一种性格类型。但这种类型上的偏好实质上是一种熟悉感。如果父母是易怒的人，那这个人往往也会选择易怒的伴侣；如果父母有酗酒问题，那这个人常常会看上爱喝酒的人；如果父母是孤僻或挑剔的人，那这个人也可能会跟一个孤僻或挑剔的对象结婚——这些都并非巧合。

为什么人们会这样对待自己呢？因为这样做给他们带来熟悉的感

觉，就像回到家里一样。但这会让他们难以分清什么是他们作为一个成年人想要的，什么又是他们儿时的经历所致。他们不可抗拒地被对方的一些特质吸引着，即使那些特质曾出现在他们父母的身上，并对他们的童年造成了伤害。在一段感情刚开始的时候，这些特质几乎无法被察觉到，但我们的潜意识具备一个精密的雷达系统，是意识所无法企及的。这并不是说人们想要再次受到伤害，而是他们想要掌控一个童年时无法掌控的情境。弗洛伊德称之为"强迫性重复"——人的潜意识会幻想：或许这一次我可以通过和一个新出现的但感觉熟悉的人接触，从而回到过去，抚平很久以前的创伤。但唯一的问题是，通过选择感觉熟悉的对象，人们百分之百会得到事与愿违的结果：旧伤口会被重新打开，人们只会变得更缺乏信心，感觉自己不值得被爱。

这一切完全是在意识之外发生的。好比夏洛特，她说她想要找一个可靠的、可以亲密相处的男朋友，但每次遇到她的"型"，都会遭遇混乱并感到沮丧。如果最近和她约会的男生似乎在不少方面都符合她所描述的对伴侣的期许，她就会在治疗时向我汇报说："真是太糟糕了，我们完全不来电。"对夏洛特的潜意识来说，那个男生在情感上的稳定性太让她陌生了，所以她宁愿选择自己熟悉的定式——哪怕这让她总是在感情生活上原地打转：同样的类型，不同的姓名，相同的结果。

我一直说，人们不需要通过语言来告诉你他们的故事，因为他们的行动会说明一切。这就是为什么我们首先需要意识到自己行为中的定式。在下面这个练习中，让我们试着找出那些隐藏的行为定式。

藏在众目睽睽下

看看下列情形听起来是不是很熟悉,哪怕不是百分百准确:

_____我在很多段感情中都出轨过。

_____我的多任伴侣都曾背叛过我。

_____我发现自己常常在"拯救"身边的人。

_____我似乎在感情中易生厌倦。

_____我很容易放弃一段友谊。

_____人们总是说我太大方了。

_____我容易一见钟情。

_____我和别人的相处常常以对他人心怀怨恨而告终。

_____我常常掩饰自己的感情,却久久难以释怀。

_____我经常与亲近的人发生争执。

_____当我感觉对话很难进行时,我倾向于干脆避免对话。

_____人们告诉我,我是一个很难了解的人。

_____我生命里出现的人总在消耗我的情感。

_____人们总是说我"太过头"了。

_____我很少开口索取自己想要的东西。

_____我常常觉得很难从头至尾地完成计划、项目,落实想法或兑现其他承诺。

_____我总是处于财务困境。

_____我被看作是家里的和事佬。

_____过度消费(或暴饮暴食、过度运动)的倾向已经让我陷入了困境。

_____我对工作的投入常常影响到和家人共处的时间。

_____其他：_____

既然现在你已经发现了一些潜在的模式，让我们来看看这些模式是如何塑造你的故事，并推动情节发展的。

挑选一个故事，这个故事中必须有你的某种行为模式在发挥作用。你在这个问题中扮演着什么样的角色？即便有外部因素的影响，你又是如何对这些外部影响做出反应的呢？

_____
_____
_____

这种模式是否在某种程度上给了你帮助，或使你受益？例如保证你的安全，或确保你停留在熟悉的故事情节中？它是如何发挥这些效用的呢？

_____
_____
_____

当你不断重复这种行为模式的时候，你身边的人有何反应？他们是抛弃了你，还是安慰了你？他们是追究你的责任，还是会试图帮助你实现积极的改变？

_____
_____
_____

这些行为模式是否给你的人际关系、时间管理、财务状况和自我价值感带来过困扰？

防御的另一面

当我们在精神或肉体上感到痛苦或不适，就会习惯性地想办法尽快摆脱现状。在这些时刻，我们的大脑会想出巧妙的策略，让自己和不适感的根源保持距离。这些策略被称为"防御机制"。我们的大脑非常善于运用这些机制。顾名思义，防御机制具有防御功能，可以保护人们不受伤害，直到有一天他们能不再需要依赖这些防御机制。

但防御机制也可能让我们的人生故事朝着事与愿违的方向发展。因为它们会混淆视听，让我们难以辨别自己的情绪，无法和自己产生情感联结。其实不安的情绪往往能为我们提供有益的洞察——但我们必须先允许自己去感知这种情绪。

《也许你该找个人聊聊》一书中接受治疗的每个人（包括我本人）都运用了一些防御机制来应对困境。我启动了"心理间隔化"机制，将男友展示出他不喜欢小孩的瞬间都装进一个密封的盒子里，藏在脑海深处。夏洛特用"否认"机制来避免承认自己有酗酒问题。约翰选择了"回避"的防御机制来逃避痛苦的处境和感受。正如我一直在回避向温德尔坦白,我并没有在写那本早已过了截稿日期的"幸福之书";约翰也在回避向我谈起盖比的死,这样他就可以不去想这件事了。

每个人都会运用防御机制,但有意思的是,我们在启动防御机制的时候通常是无意识的。当一个烟民感到胸闷气短,他会坚信这是因为天气太热,而不是由于吸烟——其实他是在运用"否认"这一防御机制。有的人可能会用"合理化"的防御机制来给自己找借口,让自己接受一些丢脸的事情,例如在应聘失败之后,他会说自己一开始就没有很想要那份工作。有时也会出现"反向形成"的情况,当人们面对无法接受的情感或冲击,会采取完全相反的途径来释放:比如一个人明明不喜欢自己的邻居,却特意要去和她交朋友。

一些防御机制被认为是原始的,另一些防御机制则是成熟的。"升华"就是一种成熟的防御机制,可以帮助人们把潜在的有害冲动转化成不那么有害的表现,比如一个有暴力冲动的人选择去练拳击。"升华"甚至可以把不好的冲动转化成有建设性的结果,例如一个想要动刀伤人的人最后成了一名救死扶伤的外科主刀医生。而"移置"——将情绪转移到一个较为安全的对象身上——则是一种神经症性的防御机制,它并不是原始的,也不是积极成熟的。比如一个人即使被老板骂了也不敢吼老板,因为怕被炒鱿鱼,于是他回家后可能就会对着自己的狗大吼大叫。

请记住,我们在启动防御机制的当下是无意识的。以下是最常见的一些防御机制的定义,来看看你能不能从中找到自己的影子。

	描述	举例
否认	拒绝接受现实，因为这么做会给自己带来太多痛苦或不适。	你说自己"只是为了应酬才喝酒"，哪怕每周都会喝到烂醉，还是否认自己有过度饮酒的问题。
退行	退回到孩童或青少年状态。	在发生冲突的时候跺脚离开，摔门而出，或是赌气不出声。
回避	拒绝面对让自己不自在的处境。	要是跟自己的兄弟姐妹吵架了，之后那一周都不想接他们的电话。
投射	将你自己的恐惧和不安归咎到他人身上。	明明是自己脾气不好，却一口咬定是伴侣在情绪管理方面有问题。
升华	将不符合社会规范的原始冲动以一种有建设性的方式表达出来。	你和你的伴侣吵架了，但你决定去健身房，以运动来消解沮丧。
反向形成	采取与自己的感受背道而驰的行动。	你明明受不了新来的那位同事，但每次在走廊里遇到时，却又表现得过分殷勤。
移置	将沮丧转移到某个对你来说不那么有威胁的人或事物身上。	你在工作上遭遇了不顺心，却在回到家时把气撒在家人身上。
合理化	尝试为那些不符合你预期的行为和感受做出合理的解释。	有人临时爽约，你说服自己不要去在意，因为他们就是这么糙。
理智化	封闭自己的情绪，从纯粹理性的角度来处理这种情况，靠理性来避免感性。	当与你亲近的人离世时，你不允许自己陷入悲伤，于是一心扑在安排葬礼流程的事务上。
压抑	把痛苦的记忆埋藏在潜意识中。	你成长在一个无法正常运转的家庭里，你对此全无记忆，但当你成年后却难以建立人际关系。

见证防御

参考这些防御机制的定义，回想一下上一次你情绪激动或感到不安的时刻。你可以通过身体的信号来发现这些时刻——你可能会觉得肩膀发紧，莫名头痛，或是坐立难安。你遇到的情况或许是一大早打开邮箱就看到同事发来的一封充满指责的邮件，字里行间都在影射你没有按时完成工作（但实际上你勉强赶上了截止时限）。或许是你在同一天里先是跟亲戚话不投机，然后又跟朋友闹了别扭。或许是你在社交媒体上发现一个朋友实现了你心中的职业理想，发现你认识的人买下了漂亮的房子，又或是发现你的前任订婚了。无论你想到的情形是什么，都要仔细地去审视；要记住，启动防御机制是难以避免的，这是一个人面对坏情绪时的自然反应。但你可以试试看，能否像我在书中对来访者所做的那样来处理它：对防御机制进行识别，标记下来，了解自己以后在哪个方面要多下功夫。

情景 1

你的感受

你的反应 / 你启动的防御机制

情景 2

你的感受

你的反应 / 你启动的防御机制

情景 3

你的感受

你的反应 / 你启动的防御机制

是现实还是梦境？

梦境总是让人感觉很神秘，但梦境中也藏着巨大的宝藏，我们常常能在梦中找到破除自己既有定式的关键，从而更深入地去了解自己的内心和思想。我注意到，梦境有时可能是自我告白的前兆——就像一场忏悔的预演。一些被埋藏在深处的东西被带到更靠近表面的地方，但又没完全显露出来。

你或许还记得，约翰的母亲在他很小的时候就去世了，但他经常会梦见母亲。他无法摆脱这样反复出现的梦境，而这背后是有原因的。梦境就像是黑夜中的信使，向我们传递着白天脑内无法消化的重要信息。梦境总是在潜移默化中慢慢向我们揭示真相和洞见：一个来访者梦见她躺在床上，拥抱着她的室友，一开始她以为这是因为深厚的友谊，但后来她意识到那是爱情。有一位男士反复梦见自己在高速公路上超速行驶被逮个正着，一年后他开始思考是不是他几十年来逃税的行为——把自己凌驾于规则之上的行为——总有一天会让他作茧自缚。

我们经常梦见自己的恐惧。这并不奇怪，因为我们确实害怕很多东西。我们都害怕些什么呢？我们害怕受伤。我们害怕被羞辱。我们害怕失败，也害怕成功。我们害怕孤单，也害怕牵绊。我们害怕倾听内心的诉说。我们害怕不快乐，又害怕太快乐（在这些梦中，我们不可避免地会因为快乐而受到惩罚）。我们害怕得不到父母的认可，我们害怕接受自己真实的样子。我们害怕身体抱恙，也害怕天降横财。我们害怕自己心怀嫉妒，也害怕自己拥有太多。我们害怕希望变成失望。我们害怕改变，也害怕一成不变。我们害怕意外会发生在我们的孩子身上，或发生在我们的工作中。我们害怕失去控制权，又害怕拥有的权利。我们害怕生命的稍纵即逝，又害怕死后的无尽虚空。我们害怕在死后无法留下自己活过的痕迹。我们害怕对自己的生活负责。

要承认自己的恐惧，尤其是向自己承认自己的恐惧，有时还需假以时日，但梦境可以给我们提供帮助。

梦境日记

　　要记起梦境中的每一个细节，就像是捕捉夏日的微风。试过后你就会知道，这绝不是一件容易的事。但我发现记录梦境是很有帮助的，梦境日记能成为辅助你唤醒记忆的工具。我们稍后将会详述其中的含义。

　　在这本手册的最后几页，我准备了一个梦境日记的模板，当然你也可以另外准备一本笔记本。

　　把你的梦境日记本放在床边，每次一从梦中醒来就立刻记下自己的梦境。我可没有开玩笑，你得在醒来的第一时间内捕捉梦境的点点滴滴，不然你的意识就会开始发挥作用，你就会开始忘记梦里的内容。记录梦境的时候不要用过去式，一定要用现在式。不要写成"我走到了外面，我看到他了"，要像描述一个正在发生的情景那样："我正朝外面走着就见到了他。"当你用当下的时态来描写梦境时，梦里的内容会变得更栩栩如生，更真切，也更容易唤醒记忆。让文字自由地流淌，不要刻意挑选用词，不要做任何修饰或编辑。

　　在收集了一段时间的梦境日记之后，让我们回过头来进行一些思考：

有没有哪个梦境让你记忆尤为深刻？

_____

_____

是什么让你觉得这个梦如此重要，又或是如此异样、惊悚或出乎意料？

_____

_____

_____

你发现了哪些不断重复的梦境或主题？

_____

_____

_____

有没有什么原本埋藏在某个梦境或一系列梦境中的东西正呼之欲出？是恐惧，是欲求，还是渴望？是一种伺机而动的突破，还是一些正在寻求破解的挣扎或冲突？

_____

_____

_____

好奇加油站

许多人在刚开始治疗时会关心别人多过关心自己。例如有的来访者会问："为什么我丈夫会这么做？为什么我姐姐就是不肯相信我？"但在每次对谈中，我们都会为他们播撒好奇的种子，因为如果来访者对自己都不感兴趣，那他们是无法从治疗中得到帮助的。对于很多人来说，培养好奇心是需要练习的。有时候我甚至会说："我不懂为什么似乎我都比你更想了解你自己。"我这么说是为了看看来访者会有什么样的反应，启动他们对自己的继续提问。

正念训练是一种很有益的练习，你可以自己尝试一下：将意识集中在当下——感受身体的触感、周围的声音、脑海中的念头——过程中要保持好奇心，但不要下任何判断。腾出时间与自己安静地独处一会儿，你可以留意一下浮现在你意识中的一切——可能是一种声音、一种气味、一个念头、一种感觉。当你停下来，闭上眼睛，轻轻呼吸，你可能会意识到自己的脑海中正在罗列一份购物清单，或是忍不住去在意浴室里传来的滴水声。这些都没关系。不要对这种走神抱有评判，只要能留意到你所注意到的事物，并对此抱有好奇就可以。

正念练习可以成为非常有用的工具，因为当你心存好奇，心态自然就会变得更开放。当你和朋友经历了一次不怎么愉快的对话之后，如果你能坐下来冥想一下，并带着疑问审视自己的想法——比如"我为什么会说出那些话呢"，或是"我想知道当我那么说的时候她会怎么想"——那你就不会那么怀有戒心和自我封闭。现在，你可能已经开始看到一些定式了。我们的大脑往往会循环播放一些故事，尤其是在深陷压力或感到不安时。因为当神经系统处于高度戒备状态时，我们常常意识不到同样的争论、辩护和抱怨就像旋转木马一样不断地在身边盘旋。但如果我们停下来观察自己的思想和情绪，把它们当作线索而不是因此乱了阵脚，就能看到故事中更多的方方面面。

为了强化识别定式的技能，要在平时就培养觉知——当我们没有处在所谓的"高唤起"情绪状态时。哪怕是在一个平静的时刻进行正念训练，你依然会发现有许多想法围绕着同一个主题反复出现。举例来说，如果你早上一起床，什么都还没干就开始正念训练，那当你静坐一会儿后，可能会发现自己脑子里正在罗列一张越来越长的待办事项清单，上面都是工作相关的内容。你会想着"哎呀，我得给马克回个邮件"，然后把精神集中到自己的呼吸上；但马上又想到"哦！我可千万别忘了重新约一下周四的午餐"；注意力刚回到自己的呼吸上，却听到脑袋里有个声音在说："你到底在想什么呀，那个项目星期五之前怎么可能做得完?!"如是往复。佛教上称之为"心猿"不是没有道理的——我们脑子里的想法有如猿猴，总是跳来跳去，不肯停歇。但只要你能定住心绪，往后就会越发得心应手。识别定式也是一样。当你对这些定式感到好奇，就能更容易将注意力集中在让自己感觉最紧迫、最不安、最兴奋的事物上。

在下面这个练习中，我们将定时三分钟。闭上眼睛，注意你的呼吸。如果你留意到自己的思绪像猿猴一样跳来跳去，那就观察这些思绪，再把注意力集中到呼吸上。这个情况将会反复发生。每一次都要留意脑海中的想法、身体的感觉，你可能会有新的发现，也可能是一些你已经熟悉的东西，但它们都同样重要。为了在过程中保持好奇，并避免对自己下判断，你可以试着问自己以下这些问题：我现在正在留意自己身体的哪个部位？这是一种什么样的感觉？麻麻的？有点痛？还是有点热？刚刚闪过的那个念头让我感到恐惧，它把我引向的下一个念头是什么呢？这个新的念头是我之前就有过的吗？当我想到这些的时候，我的身体有什么感受？

你留意到了什么？

有哪些想法在反复出现？这与你留意到的"主题"吻合吗？

主题与定式的源头

  到现在为止你应该已经找出了自己生活中的一些主题和定式——可能有些是你早先就已经意识到的，也可能有些是刚刚才被发现的——此刻，是时候让我们凑近了研究一下是什么驱动着这些主题，又是什么让这些定式被保留了下来。无论这些主题和定式对你有没有益处，有一件事是毋庸置疑的：它们一定是起到了"某些"作用，要不然它们也就没有存在的意义了。对于夏洛特而言，她的定式令她不断选择同一种"类型"的恋人，这是因为她潜意识里想要平复童年的创伤。对于朱莉来说，她以前总是选择按部就班地寻求职业发展，避免自己内心的渴望发声，因为这样她才能感觉人生的掌控权把握在自己手里。对于瑞塔来说，她之所以为了以前的错误一直惩罚自己，是不想让别人走进她的生活，这样就没有人可以再让她伤心了。而对于约翰来说,他之所以总是贬低别人,其实是因为他不敢正视一件事——由于自己的闪失而搭上了儿子的性命。

许多定式都植根于我们过往的经历,但我们的意识和境遇可以重塑这些定式。我们可能十年里都在轻松地重复着同一个定式,但在下一个十年里突然发现曾经管用的运作模式变得不管用了。比如我们在上一章节中谈到了朱莉的例子,在她被确诊癌症之前,她根本不曾想过要去超市打工。她在选择就业和生活道路时的定式就是求稳,定好目标,按部就班。在很长一段时间里,这个定式都很管用,也帮助她在事业上打下了坚实的基础,让她在非常年轻的时候就拿到了终生教职。但当癌症现身,这个定式就不再成立了。

在癌症面前,朱莉通过精心计划构建起来的安全感都成了幻影。在确诊之前,朱莉人生故事的主题是掌握主控权。其实生活中我们能掌控的原本就不如想象中那么多,但面对病痛才是最叫人无能为力的事。无论是面对生活还是面对一次治疗,人们绝不愿意去想象的是,即使自己把所有该做的都做对了,还是有可能抽到一支下下签。为了应对现实的变化,朱莉建立了新的定式,这些定式不再拘泥于求稳,而是给出了更多自由的空间。她拒绝成为"抗癌小组"的一员,拒绝落入俗套地谈论自己的绝症。她选择坦然地说出"死"这个字,并且不喜欢听到别人用"事出皆有因"这样的陈词滥调来安慰她。朱莉可能抽中了下下签,但她迅速地意识到,她唯一能做的就是以自己的方式面对厄运,而不是听从别人的意见。

就如我们的人生故事一样,生活中反复出现的这些主题和定式也可以被修改和编辑。有时候我们也会和朱莉一样,发现昨天还很正常的一切突然就乱套了。但我们更需要积极地去根除那些已经不合时宜的生活方式。接下来我们会看到，认清自己的定式，可以帮助我们理解自己思想和行动背后的推动力。

你是哪种依恋模式？

依恋模式的形成取决于我们幼年与养育者之间的互动。依恋理论是在20世纪50年代发展起来的，它解释了我们与人相处的模式是如何在婴孩时期被建立起来、并以我们最初的一些人际关系为模型的。种种研究一再表明，我们对爱与情感联结的需求如同我们对食物的需求一样强烈。依恋模式至关重要，因为它也将影响人们成年后与人相处的模式，影响他们如何选择伴侣（安稳的还是不安稳的），影响他们在一段关系中的表现（是渴爱的、疏远的，还是不稳定的），以及一段关系会如何终结（是惆怅不舍地、和和气气地，还是彻底撕破脸）。

在婴孩时期，我们与养育者之间的关系可以大致被分为四种依恋模式。如果负责照顾孩子的成年人充满爱心，总是为孩子打气，并积极给予孩子回应，那孩子就会发展出"安全型依恋模式"。当父母离开一会儿，这些孩子起初会有些不安，但很快就会安定下来，并自然而然地开始探索周围的世界，因为他们知道父母过一会儿是肯定会回到他们身边的。同样，他们知道如果自己给父母惹了麻烦，父母还是会用支持和关爱来解决问题的。成年之后，属于安全型依恋模式的人会寻求同样具有安全感的亲密关系，能在一段关系中让自己的需求得到满足，同时也会满足并尊重伴侣的需求。

朱莉就是安全型依恋的一个很好的例子。无论是从她和迈特充满爱意、相互扶持的关系中，还是从她分享的有关她家里人的故事中，我们都可以看到这一点。举例来说，当朱莉读大学的时候，她母亲曾对她交往的对象提出过一些质疑，甚至建议朱莉去看看学校的心理医生。但朱莉当时还没准备好面对现实，所以没有听从母亲的建议。几个月之后她被男友甩了。当朱莉伤心地打电话向母亲哭诉时，母亲并没有说"我早就告诉过你了吧"，而是在电话那头陪着她，听她倾诉。朱莉在母亲那里得到了足够的安全感，即便她没有听从母亲的劝告，但当结果正如她母亲预料的一样糟糕时，她依然可以打电话给母亲寻求安慰。

当父母无视、贬低和驳斥孩子的需求时，孩子就会形成"回避型依恋模式"。当孩子不开心时，父母可能会表现得很冷淡或缺乏关爱。长此以往，孩子就学会了自力更生、自给自足，成了孤独的小野狼。这些孩子会学着父母对待他们的样子，对他人的需求视而不见。成年之后，属于回避型依恋模式的人通常会在一段关系中表现出不屑一顾的态度，指望别人来照顾自己。瑞塔就是一个典型的例子。小时候，她感受到的是孤独，父母都不怎么理她，她的需求从来没有得到过满足。后来，当她有了自己的孩子，她真切地嫉妒自己的孩子，他们有兄弟姐妹，还有年轻有活力的父母，这让她很难与孩子们好好相处，也很难满足他们的需求。

当养育者投入在孩子身上的情感和注意力无法持续保持在稳定的水平上时，孩子就会形成"矛盾型依恋模式"。这些家长有时在场，有时又不在。这就是夏洛特小时候的经历。她母亲时不时会陷入抑郁，她父亲动不动就消失，这给夏洛特的生活造就了一种不安定感。属于这种依恋模式的小孩往往会在父母离开的时候经历痛苦，因为不知道父母什么时候会回来。即使父母能回到身边，他们也不确定自己的需求能不能得到满足，更不知道父母会不会再度离开。成年之后，一部分属于矛盾型依恋模式的人会在感情关系中经历焦虑，总是会担心这段关系能不能走下去，自己会不会被抛弃。正因为害怕被抛弃，他们就会反复确认以消除疑虑，让自己感到安全；也会常常要求伴侣和朋友在感情上保持亲昵，这往往会让对方感到窒息。但问题是不管他们如何反复确认，其产生的效力都是短暂的，或许在那一刻他们的疑虑消除了，他们感觉安心了，但不论对方给予多少保证，这种安心感都不会持续太久。

最后还有"混乱型依恋模式"，当照顾孩子的人不仅在回应孩子的情感需求时表现得反复无常、无法预测，而且还常常表现出充满敌意、具有侵略性、让人害怕的一面，那孩子就会形成混乱型依恋模式。在此种环境中成长的小孩容易陷入不堪一击的境地，因为他们恐惧的根源正是他们赖以生存的支柱。成年之后，属于这种依恋模式的人容易在自己的亲密关系中延续不健康的依恋，所以他们的亲密关系往往是不稳定且短暂的。虽然他们也渴望稳定且健康的情感关系，但他们害怕被拒绝，害怕受伤，所以常常会主动破坏关系。这就像是一个自证预言，他们通过这种方式向自己证明他人是不值得信任的。

要了解你在亲密关系中的基本模式，请通读以下陈述，并勾选出所有让你觉得熟悉的内容。

_____ 1. 我担心我的伴侣会离开我去找别人。

_____ 2. 我不喜欢两人过于亲密，也不想让关系发展到更深入的阶段。

_____ 3. 我也希望得到更亲密的关系，但总是觉得别人会占我便宜。

_____ 4. 我担心别人一旦了解我，就不会再喜欢我了。

_____ 5. 如果我发现伴侣在关注别人，我当下可能会有一点嫉妒，但这不会困扰我很久。

_____ 6. 我经常在交往中感到失望。

_____ 7. 我不是那个会在亲密关系中制造戏剧冲突的人。

_____ 8. 我很容易无缘无故就觉得我的伴侣惹人厌。

_____ 9. 我会花很多时间担心自己是不是足够有魅力。

_____ 10. 我可以很轻松地向亲近的人说出自己的想法。

_____ 11. 我在交往中感到满足。

_____ 12. 我经历过的关系总是混乱而短暂。

_____ 13. 我不喜欢别人依赖我。

_____ 14. 我宁可滥交也不想只跟一个人交往。

_____ 15. 我常常很容易迅速坠入爱河。

_____ 16. 一旦我的伴侣表现出冷淡，我就会认定那是因为我做错了什么事。

_____ 17. 我可以很轻松地从一次失恋中重新振作起来。

_____ 18. 我不会因为某一次争论或分歧而质疑一段关系是否牢固。

_____ 19. 只要在关系中有冲突，我心里就已经"告别"这段关系了。

_____ 20. 我的情绪总是忽冷忽热。

你可以把你的答案按照以下归类，这样你就能大致了解自己的依恋模式了。

安全型：统计你在第5、7、10、11、18题上的得分：_____

回避型：统计你在第2、8、13、14、17题上的得分：_____

矛盾型：统计你在第1、4、9、15、16题上的得分：_____

混乱型：统计你在第3、6、12、19、20题上的得分：_____

一般来说，得分最高的类别反映了你整体的依恋模式。你的分数或许正与你预期的吻合，也让你在这一章里已经找到的一些定式变得合理了。但就像我们生活中的绝大多数事情一样，这些分数也不是绝对化的。它们只能说明你的表现似乎更接近某种依恋模式的特征——并不能说明你就百分之百属于那种依恋模式。你身上很可能也同时具有其他依恋模式的一些特征。不管怎样，重要的是你要记住这些依恋模式会反映在你的生活中，所以越了解它就越是对自己有益。

好消息是，不良的依恋模式（回避型、矛盾型和混乱型）都是可以在成年时期进行矫正的，这也是许多心理治疗牵涉到的内容。针对具有回避型依恋模式的人，重点是要让他们更多地关注到在自己周围有许多拥有健康依恋模式的人，观察学习这些人是如何在关系中正视并照顾他人需求的，并以此作为今后健康关系的蓝本。这样，可以帮助回避型的人能够慢慢在情感关系中显露出自己脆弱的一面，从而建立真正亲密的关系。对于具有矛盾型依恋模式的人来说，关键是要让他们学会活在当下。他们总是生活在对未来的恐惧中，企图通过操纵现在达到掌控未来的目的，但如果能让他们集中精力营造好当下所处的关系，那将会给他们带去极大的帮助。对于混乱型依恋模式的人来说，他们的课题是要处理未被消化的恐惧，同时建立起面对情绪过载的能力（他们为了消解情绪，常常会将情绪投射到别人身上）。

找到你的理由

  为了保护自己免受以往失落和丧失的痛苦，人们常常会陷入某种行为模式之中。你能从《也许你该找个人聊聊》中读到，有人会因为害怕亲密的相处而破坏一段关系，也有人会因为担心得不到好的结果而不敢去追求梦想。比如瑞塔之所以无法体验幸福，而是紧紧抓住生命中负面的点点滴滴不放，其实都是出于自我保护机制。只要躲在痛苦砌成的堡垒中，她就不用去面对任何事，不用去融入外面的世界，也就不可能有机会再受到伤害。考虑到瑞塔所经历过的一切，我们也可以理解她为什么会以这样一种方式来处理故事中的各种情节。但是，只有当她意识到痛苦是如何默默地"为她服务"，才有机会去打破多年来主导自己生活的定式。

  无论你在这一章里发现了什么样的定式，以下练习将帮助你找到这些定式产生的原因，比如："为什么我会不断重复同样的事情呢？"这也是一个好机会，让你能思考一下这些行为和思想上的定式是如何为你提供帮助的——无论是真的有帮助，还是在帮倒忙。

选取一个你已经识别出来的定式。这个定式通常会触发哪些典型的反应？会让什么样的情绪涌现？你身体的哪些部位对这个定式有记忆？

_____

_____

_____

_____

当你发现自己在重复一种行为定式，问问自己当下所处的情况听上去或看上去是否似曾相识？上一次经历这样的情形是在什么时候？上一次你有这样的感受是什么时候？当时你和什么人在一起，你们处在一个什么样的场景中？

一旦你能够把过往熟悉的感受和当下的行为贯穿起来，也许就能发现是什么驱动了这些行为。哪怕这些行为现在对你来说已经不再适用，但它们可能作为某种曾经成功应对问题的方法而被激活了。比如你也许会得出这样的结论："我小时候总是回避易怒的母亲，这样她就不会无缘无故对我发火了。"

所以，过往这个定式是如何为你所用的？它在哪方面保护了你？

现在，请把过去的你和当下的自己区别开，看看这些行为在你当下的生活中是否还有同样的效用，它们是否还在保护着你，还是在拖你的后腿？比如"成年后避免与人亲近，使我长期感到孤独"。

📷 **第三张快照**

你现在内心的状态是什么样的？当你更深入地思考自己的行为模式时，你有什么样的感觉？你留意到了什么样的感受？是松了口气？是兴奋？还是好奇？

第三次复盘

在下一章里，我们将具体研究我们生活中的人际关系，看看自己在哪些关系中获得了想要的东西，在哪些关系中还有改善的空间。但在迈向下一步之前，请利用以下空白页，记录你在挖掘某些特定人生主题和行为模式时发现的启示或洞察。请写下让你吃惊的发现，以及这些自我认知是如何阐明你现在的生活方式的。你也可以记录当前自己在人际关系中观察到的一些模式，哪些模式是你想打破的？哪些是运转良好的？

第 4 章

连点成线——
通过亲近他人来亲近自己

"我们都是在和别人的关系中成长的。每个人都需要听到另一个人的声音对他说:我相信你。我能在你身上看到连你自己都没看到的可能性。我能预见到一些变化即将发生。"

在我刚当上心理治疗师的时候，如果有人问我大家来做心理治疗的目的是什么，我大概会说他们是想要缓解内心的不安和抑郁，或是想要解决一些人际交往中的难题。但无论具体情况是什么样的，背后似乎都有一种共通的元素，那就是孤独——渴望与人产生交集，却又不知道如何处理人际关系。虽然来访者很少会这样表达，但我越是了解他们的生活，就越能体会到这一点。其实这也并不令人意外，自从人类直立行走于地球上，一直以来都是依靠着彼此才得以生存和成长的。如果有人认为既然人类已经不再需要像原始时代那样为生存而战，那我们也就不再像以前那样需要相互依赖，那他就大错特错了。事实是，我们依旧需要彼此。

其实，当你写下你的故事，或是在审视你的故事和定式时，你或许已经发现了，虽然故事的主角可能是你，但你不可能是故事里唯一出现的人物。在上一章里，我们探讨了研究自己人际交往模式的重要性，也就是要理解我们是如何与身边的人进行互动的。在这一章中，我们将更仔细地审视一下我们是如何整体看待自己的人际关系的。

研究人际关系对人生叙事的影响和塑造，会让我们得到重要的线索，从而更好地理解自己的渴望、伤痛和对未来的期许。在《也许你该找个人聊聊》一书中，夏洛特和许多人一样，既渴望亲密的关系，又对它避之不及。瑞塔和约翰则通过与人保持距离来保护自己不受伤害。朱莉在探索如何在病魔让她感到孤独的时候还能与周围的人保持联络。在他们每个人身上，无论是尝试建立新的交往，还是试图巩固已有的关系，都让他们能更轻松地实现个人成长和改变。当我们渴望与别人建立更牢固的关系，往往就能推动我们与自己建立更好的关系。当瑞塔尝试与麦伦交往时，她便找到了理由来仔细审视自己的抑郁，并寻求帮助。对夏洛特和约翰来说，在治疗中保持一种小剂量的亲密感，能帮助他们在生活的其他方面更加敢于敞开心扉。

现在，让我们来看看围绕在你身边的人。在此，我们将通过研究人类对于人际关系的深刻需求，来找出能帮助你强化人际关系的方法。本章的核心在于"视角采择"的艺术，这样我们才能跳出"不可靠的故事叙述者"这个角色，为自己的故事寻找全新的视角，从而创造更多的可能性。我们将会学习到什么是真正的"聆听"，我们也会有机会思考，如何在与伴侣、朋友和亲人的交往中改变一下自己的路数。

调整你的联结

改变我们的叙事，前提是要在故事中找到可以调整的地方——这是贯穿整本手册的议题。我们之所以会执着于僵化的叙述，是因为还无法引入崭新的、对自己有利的视角，但只有这些视角才能让我们发现故事的其他走向和新的可能性。人们走进心理治疗室的时候，心中往往都抱有一种不可动摇的看法——可能是针对一种现状、一个事件，也可能是针对一段关系中的冲突。比如对于约翰来说，他坚信世界上充满了蠢货。瑞塔认定自己活该受苦。如果是一对伴侣坐在我面前，通常双方都会笃定地认为是对方的过错导致他们来寻求伴侣治疗的。这些叙事都没有多少回旋余地，叙述者往往深信不疑，并极力想要提供证据来证实自己所说的。在这种情况下，叙述者往往对他人的意图和动机下了斩钉截铁的判断。有些时候，人们就是不愿意看到不同的视角，就像我的来访者贝卡，她根本就没准备好要仔细审视自己的故事。遇到这样的情况是很难有机会改变的——因为故事情节发展的其他可能性全都被封死了。

不过，如果你对改写故事抱着开放的态度，那么"视角转换"会是重塑叙事最可靠的方法之一。听起来或许很简单，不就是"站在别人的立场上"吗？但如果你亲自尝试过，就会发现这并不容易。然而一旦你学会了这种思维方式的转换，就会发现这种强大的思维技巧不仅有助于改善生活和职场上的人际关系，还能让你意识到，那个一直在误导你的人生叙事其实并不是故事的全貌。

每个故事都有两面性

既要直面人际关系中的冲突，还要试图从中找出故事的另一种讲法——这是心理治疗中经常要面对的挑战。这个情况会发生在各种人际关系中，包括朋友关系、同事关系、家庭关系和亲密的情侣关系。只要是存在于我们生命中的关系，就很难逃过"谁是谁非"的角力。但我们总有办法看到故事的另一面。这里我想到了朱莉和她丈夫迈特的故事:他俩在朱莉的癌症治疗问题上产生了分歧,但朱莉最终突破了自己的视角,更好地理解了迈特的观点。

冲突发生的那天晚上迈特正在看电视,但朱莉想跟他说说话。迈特就嗯呀啊地敷衍朱莉,假装在听她讲话,这让朱莉很生气。"你看我在网上找到了什么,或许我们可以拿这个去问问医生。"她说。但迈特回答道:"今晚不行,我明天再看吧。"于是朱莉又说:"但这很重要,而且时间对我们来说本来就很紧迫。"这时迈特怒气冲冲地看着朱莉,朱莉以前从没见过迈特露出这样的眼神。"难道我们就不能有一晚不提癌症吗?"迈特大声吼道。一直以来迈特总是善解人意,尽全力支持朱莉,这是他第一次一反常态,让朱莉大吃一惊。她也对着他大喊:"但我没有一个晚上可以松懈!如果能给我一个远离癌症的夜晚,你知道我愿意付出什么代价吗?"说完,她冲回卧室,关上了门。一分钟后,迈特跟着她回到了卧室,为自己的崩溃道歉。"我压力太大了,"他说,"这对我来说真的压力太大了。但我知道这远远比不上你承受的压力,我很抱歉,我刚才没有顾及你的感受。"

在此之前,朱莉总是避免谈论自己罹患癌症对迈特造成的影响,每当我提起迈特要经历这些一定也很不容易时朱莉就会转移话题。但当她被迫要直面迈特的视角时,她才意识到迈特所经历的与自己息息相关。他们在这段不幸的旅程中携手同行,却又有各自的问题要面对。当她能面对故事悲伤的一面之后,她解锁了故事的另一面——她发现因为自己即将撒手人寰,但迈特还拥有未来,这让她又嫉妒又生气;但与此同时,她也体会到了迈特正在经历的痛苦。虽然面对故事的这一面非常艰难,但这能给迈特更多空间,让他也能表达自己的情感,我相信这也能让他们在仅剩的时间里更深地感受彼此的存在。

回顾过去，通常会更容易发现故事的另一个视角——就像朱莉所做的那样。但归根结底，我希望你能在事情发生的当下进行实时的练习。如果你能在情绪高涨的情况下跳脱出来，对你自己来说是极有好处的：因为这能让你平静下来。情感会触发行动，如果我们陷入自己编织的情节中，被情绪牵着走，就很可能会做出让自己后悔的事，说出让自己后悔的话。但如果我们能停下来，想一想不同的观点，就更有可能理智地做出回应。

发现故事的另一个视角，能让你更灵活地处理手头的情况。它能为你打开以前从未想到过的新视野——你会发现，"哦，或许这就是我俩都陷入了困境，无法向前迈进的原因"。或许你会发现，"确实，我想我在这个问题上负有这样的责任"。找到新的视角能让你明白别人是如何看待你的——"当然，他那么理解也是有道理的，尽管那并不是我的本意。"

视角转换可以通过许多方法来实现，下面这个练习提供的方法是最简单直接的。你可以在任何让你感到困扰的情景中、在令人不安的对话中、在你感到受轻视的冲突中运用这个方法，也可以只是单纯运用这个方法来更好地理解别人。

简单地用两三句话写下你对这个故事的描述。

_____

_____

_____

_____

现在，试着写下这个故事的另一面。通过别人的视角看问题，试图为他们辩护。你不需要赞同或喜欢他们的观点，只需要试着套用他们的思路。或许你可以想象他们躺在心理治疗室的沙发上，想象他们会如何向治疗师讲述你对他们的误解？故事在他们口中会变成什么样子呢？请代入他们的口吻，用第一人称进行叙述。

选角大会

我们常常在不知不觉中给自己分配了连自己都不知道的角色；同理，我们也会给别人分配一些角色——比如疏远的朋友、冷漠的父亲、固执的伴侣、盛气凌人的医生。人们总是喜欢给环境和人物贴标签，虽然为了创作故事，这是必要的过程，但这也会造成一些问题。当你把自己或别人塞进一个特定的角色中时，你的视野就会变窄，让你无法看清故事的全貌。在心理学中这叫作"确定性偏好"，是人类普遍存在的一个小毛病，指的是人在接受新信息时，容易将此视为对自己原有信念的一种证明。当你开始告诉自己你嫂子的为人有多自私，那过不多久，你看到她做任何事情都会觉得那是自私的表现。即便她有很慷慨的一面，你很可能也会在心里打个折，或者直接忽略这些细节。如果想要更深入地审视自己和别人的人生故事，那我们就要小心这种确定性偏好。只有认识到自己给出的标签，意识到哪些信息会因为这些标签而被排除在外，你才能搜集到更准确的信息。

在这个问题上，夏洛特是个很好的例子，她来治疗之后很快就把"称职的母亲"的角色套在了我身上。尽管她知道我不会给出任何有指令性的建议，她仍然希望由我来告诉她该干什么。她每周都会带着进退两难的问题来到治疗中，希望我能发表意见。"你说是不是就算会惹老板生气，我还是应该飞去参加葬礼？""我是不是应该从现在开始，把驾照锁在副驾驶座前面的储物格里？"每次我都不予回答，只是引导她与我展开对话，由此帮助她厘清自己想要什么，而不是由我来替她做那个选择。

夏洛特为我选择的角色是极富深意的，因为这从另一个侧面反应出某个久远的故事还在影响她现在的生活。她把称职的母亲这一角色分配给我，是因为她还在寻找自己成长过程中缺失的东西。她迫切地希望拥有一个"正常"的家长，就像那个让她落泪的广告里的"狗妈妈"那样，平稳地、充满爱心地为她驾驶汽车，让她能体验到从未体验过的被呵护的感受。但为了让我胜任这个强者的角色，夏洛特认为一定要把自己塑造成无助的弱者，让我只看到她的问题，"用她的痛苦召唤我"——温德尔有一次也这样形容我对他的所作所为。来访者们常常会这么做，因为他们要提醒治疗师：虽然我可能提到了一些开心的事，但你不能忘记我有多痛苦。就好像夏洛特的生活中也会有好事发生，我却很少听她提起，即使有也只是一笔带过，或是等我听说时事情已经过去好几个月了。

当我们审视自己扮演的角色和我们分配给别人的角色时，就能看到自己一直在向别人——甚至也向自己隐藏的观点。角色的出演一般都会遵循某种套路，所以我们可以由此探究自己的行为是如何与我们所扮演的角色相联系的。对夏洛特来说，扮演一个无助的孩子意味着她不必为自己的任何抉择负责，这也阻止了她去学习如何信任自己。此外，这些标签能让你看清别人在你故事中的样子，以及他们与你的关系。当夏洛特在我俩的关系中把我看作是更有能力的那个角色，她就会过分看重我说的每一句话，但说到底，哪怕是治疗师也会有出错的时候啊！我想说的是，你要清楚自己是如何看待自己和别人的，这样才能有机会在你自己的、在有关你的人际关系的叙事中发现全新的层面。

你是如何为自己的人生故事选角的呢？每个人都是一个多面体。我们会向不同的人展示自己不同的侧面，也可能会根据场合扮演完全不同的角色，这取决于我们是在工作，还是参与一场烧烤聚餐，还是在与家人团聚。请用这个练习来探索你的不同面向，看看有什么出乎意料的发现。

你最常扮演的五个角色是什么？要考虑到自己在不同场景下扮演的角色：包括在社群、工作、家庭中，以及与朋友或家人的相处中——写下你扮演的角色。接下来，也请写下在扮演每个角色时你最享受的部分，以及你不那么喜欢的地方。

角色1：_____

角色2：_____

角色3：_____

角色4：_____

角色5：_____

现在，让我们从另一个角度来看。想着一段你渴望使之更加牢固的关系，对方或许是你的兄弟姐妹，或许是朋友，又或许是你已成年的子女，在生活中的艰难时刻——又或许只是在平日里，你是如何在心中给他们分配角色的呢？你会将哪些行为与他们的角色联系起来？你认为这种想法是如何给你们的互动造成障碍的？你能不能想到一些他们所具有的品质、他们在互动中展现出来的行为，是与这些人设不符的？

名字：＿＿＿＿＿＿＿＿＿＿　　角色：＿＿＿＿＿＿＿＿＿＿

＿＿＿＿＿＿＿＿＿＿＿＿＿＿＿＿＿＿＿＿＿＿＿＿＿＿＿＿＿

＿＿＿＿＿＿＿＿＿＿＿＿＿＿＿＿＿＿＿＿＿＿＿＿＿＿＿＿＿

＿＿＿＿＿＿＿＿＿＿＿＿＿＿＿＿＿＿＿＿＿＿＿＿＿＿＿＿＿

＿＿＿＿＿＿＿＿＿＿＿＿＿＿＿＿＿＿＿＿＿＿＿＿＿＿＿＿＿

追随嫉妒

　　在朱莉被癌症预判死刑后，正当她以为自己行将就木的时候，有一天她在乔氏超市排队等结账，不知不觉中就被收银员的工作深深吸引住了。收银员们在与顾客互动时显得那么自然，他们和不同的顾客闲聊，虽然话题都是些日常生活中的琐事，但柴米油盐、衣食住行不就是人们生活中的大事吗？朱莉不禁将自己的工作和收银员的工作做了比较。她喜欢自己现在的工作，但为了职称晋级，她长期面临着撰写和发表论文的压力。既然绝症压缩了她的未来，她想象着自己能不能做一些更立竿见影、看得到实际结果的工作——例如帮顾客打包商品、为顾客带去好心情、给售空的货架补货，一天工作结束之后，能觉得自己所做的是实实在在对别人有用的事情。朱莉提着购物篮站在等待结账的队伍里,她发现自己不仅被收银员的工作迷住了,她还嫉妒这些收银员。于是朱莉决定,如果只能再活一年,她要去乔氏超市应聘,在周末的时候当收银员。

事实上朱莉也是这么做的。她不仅被录取了,投入了新工作,更重要的是,在那几个月里她的生活充满了大大小小的乐事。在乔氏超市的日子让朱莉与顾客和同事建立了联结,她甚至还帮助一位新同事重返校园。如果她当初没有追随心中的嫉妒,这一切是她想都不敢想的。治疗师经常会建议患者留意内心嫉妒的感觉,因为这会透露你的渴望。其他人就像是一块空白幕布,我们会无意识地把自己的欲望投射在上面。与其感到羞耻,为什么不利用你的情感,去和自己建立更强的联结呢?

写下三个你嫉妒的人:

_____

_____

_____

你具体嫉妒他们些什么呢?是他们与伴侣的关系,是他们的子女,是他们能实话实说,还是他们的事业?

_____

_____

_____

_____

现在，请花上几分钟时间，将你的视角从嫉妒转向渴望。你能从嫉妒之中发现自己的渴望吗？当你专注思考自己的渴望，你的故事是否摆脱了无助的局面，从此有了动力？请写下你可能采取的一个具体步骤，让你能向自己的渴望靠近（可以是向你的伴侣敞开心扉，下载一个约会软件，研究转换职业跑道所需的步骤，等等）。

_____
_____
_____
_____
_____

加强你的联结

现在，我们已经更清楚自己与别人的联结能揭示些什么了，但愿你已经在一些关系中收获了额外的洞察。希望你已经看到这些人际关系是如何塑造你的人生故事的，哪些地方有做出调整的可能性，哪些地方需要你投入更多的关注。但归根结底，如何才能去深化那些对我们至关重要的关系呢？如何才能打破那些对我们没有好处的定式呢？答案是，从你自身做起。

这听起来像是明摆着的事，但你会惊讶地发现，不知有多少人因为不满意一段关系而寻求心理治疗，却坚持认为需要改变的是关系中的另一方。他们想知道他们能做些什么，才能让对方成为一个更好的倾听者，让对方变得不那么自私，让对方更支持自己。在伴侣治疗中，总有些人会认为我就是他们一切问题的答案。因为他们需要的只是一个客观的第三方来证明自己是对的，而他们的伴侣是错的，这样一切就会好起来了。

而我的意见正相反，我认为每段关系都是一支双人舞。夏洛特和"那小哥"断断续续的关系就是一个很好的例子。那小哥有他自己的舞步节奏（先接近，接着后撤），而夏洛特也有自己的步子（先接近，然后受伤），这就是他们这支舞蹈的跳法。不过一旦夏洛特改变了自己的舞步，我知道结局只有两种：要么那小哥也得改变他的舞步，不然他就会被绊倒，会摔跤；要么他就得离场，另找别的舞伴，去踩别人的脚。最后夏洛特改变了她的舞步，她调整了自己的治疗时间，这样她就再也不会在候诊室里遇到那小哥，也就不用再跟他跳伤心探戈了。双人舞的这个比喻适用于各种关系模式，也包括那些有毒的、惹人厌烦的关系。懂得了这个道理，你就能应对一些关系中持续出现的争论模式（比如谁该负责去倒垃圾），或是兄弟姐妹间一辈子的角力。你只能控制自己如何行动和回应，这或许会让你感觉自在，也可能让你感到恐惧，这取决于你的观点。但有一点是肯定的：你的行动和回应都至关重要。它们会改变故事情节的走向。你可以通过改变互动方式（或决定不进行互动）来培养更坚固、更健康的联结。

写下一种你想要改变的存在于关系中的定式：

_____

_____

接下来就是有趣的部分了：只专注于定式中你可以控制的部分。在一段"双人舞"中有哪些舞步是你可以改变的呢？请想出三种不同的方式来改变这种定式。

遇到＿＿＿＿＿＿＿＿＿＿情况时，我可以＿＿＿＿＿＿＿＿

遇到＿＿＿＿＿＿＿＿＿＿情况时，我可以＿＿＿＿＿＿＿＿

遇到＿＿＿＿＿＿＿＿＿＿情况时，我可以＿＿＿＿＿＿＿＿

练习脆弱

要改变我们的舞步并不简单。当你投入地跳着探戈，就很难再去想林迪舞跳起来是什么样子。如果展现脆弱并不在你的技能列表中，恐怕你会害怕尝试着跨出这一步。在面对一些很难处理的人际互动时，最方便的办法往往是退缩、逃避或是破罐子破摔。但如果能学会与我们深爱的人一起面对这些场景，并让彼此变得更亲近，那这就将成为我们"最珍贵的舞步"。

你还记得在《也许你该找个人聊聊》中瑞塔来找我进行"紧急"治疗时的情形吗？当瑞塔在健身房的停车场里与麦伦发生了戏剧性的一幕之后，她无法呼吸，心烦意乱。为什么呢？因为麦伦坦率地向瑞塔吐露了自己的思念，还细数了自己爱她的点点滴滴，包括她的创造力、她的同情心、她的一头红发，最后还献上了激情一吻。而瑞塔的反应却是扇了麦伦一记耳光，怒气冲冲地走了。其实瑞塔心里也一直记挂着麦伦，当她发现麦伦在和其他女人约会时还很受伤，所以麦伦的表白对瑞塔来说本该是个惊喜才对。然而瑞塔无法相信麦伦的脆弱，她也无法坦然地向麦伦（或其他任何人）展现她自己的脆弱。其实最勇敢的行为之一，就是和你深爱的人四目相对，告诉对方"这就是我，这就是不加修饰的真相，这是我对你的感觉"。要倾听别人讲述他们真实的自我，或是像麦伦那样表白心意，同样也不是一件容易的事。无论从哪个角度来看，向别人袒露自己内心的感受都是一件需要胆量的事。

这不仅仅适用于情侣关系。在任何关系中展现脆弱都是一种挑战，也是一种天生的能力。坚固且长久的关系需要双方在情感上保持坦诚，但我们所处的环境却在传播一些矛盾的声音。在书中，瑞塔并不是唯一一个因此纠结的人。约翰认为脆弱的经历是可悲而可耻的，因为他在六岁那年突然失去母亲的时候，就觉得自己必须"坚强"。

谈到展现脆弱，我总是告诫大家要好好选择目标对象。人们害怕与他人分享自己心中柔软的部分，通常是因为他们以前有过不愉快的经历。或许曾经有人出卖了他们的秘密，嘲笑他们，劝他们不要这么想，又或是利用这些事来针对他们。所以让我们先来挑选听众，随后再来思考你藏在内心的秘密。

现在让我们找出你身边的"安全的人"。谁是你真心信任的人？（如果你现在想不出某个人，别忘了，我们前面提到过的关于培养健康关系的部分，就是为了在你的故事中增加更多能滋养你的人物。）

_____ 会是一个好听众，因为 _____
_____ 会是一个好听众，因为 _____
_____ 会是一个好听众，因为 _____
_____ 会是一个好听众，因为 _____

有哪些谈话内容是你害怕提及的？
_____
_____
_____
_____

你害怕的是什么？你认为坦白后会发生什么？

通过避免这些谈话，你得到了些什么？坦白会让你失去什么？

为什么这些谈话让你感到脆弱？你是否必须在谈话中表达你的恐惧、爱意、欲望或羞耻？

如果和你对话的人看清了真实的你，你认为会发生什么？这段经历将如何滋养你们的关系？

听仔细了

当我还在接受心理治疗师培训的时候,一位临床督导说过:"你有两个耳朵一张嘴,这一构造的比例肯定是有其道理的。"身处在任何一次谈话中,我们都要能够去聆听——不只是听见他们在说什么,而是要能从他们的角度去理解这件事,哪怕你的观点与之不同。我们都有一种深层的渴望,渴望被理解,但有时候,尤其是当沟通并不顺畅的时候,我们很难做到真正去聆听。对话进行时,每个人都很清楚自己的脑子里的状态——很可能在对方说完整句话之前,你就已经准备好要如何接话了。但人是没有办法一边讲话一边聆听的,而且我不得不遗憾地告诉各位,即使是内心独白,也算是在讲话。

当我们在这种情况里处于诉说者这一方时,就会对此有所知觉了。如果有人没有真正理解我们所说的话,我们凭直觉就能知道。这通常都不是因为信息混淆或出现歧义,而是因为内心的姿态。如果你真的在倾听,那意味着你愿意敞开心扉去理解你面前的人。然而,我们常常都会沉浸在自己的故事中,无法接受别人的观点。

曾经有一对沟通出现问题的情侣来找我进行伴侣治疗。有一天,那位女士对其伴侣说:"你知道我最想听到你说哪三个字吗?""我爱你?"男士回答道。"不对,"女士说,"那三个字是'我懂你'。"想方设法去理解一个你关心的人，是爱的深刻体现。但这需要你先渴望理解自己的故事，并愿意调整其中的叙事。理解别人意味着你要放下自己的假设和个人利益——这可能是你一厢情愿地希望以某种方式提供帮助，又或是单纯希望自己才是对的。这意味着你愿意接受意外的情况，愿意承受失望，并愿意相信无论那个人想要你理解的是什么，你俩都要在这段关系中包容这个事实。

即使是在沟通中一切顺畅、没有冲突的时刻，聆听依然是——甚至尤其是一种强有力的沟通工具，我们必须用好它。但当我们关心的人带着想要聊的话题来找我们的时候，我们很少会问他们："我怎么才能在这场对话中帮到你？你现在是不是只想发发牢骚？你需不需要一个拥抱？你想不想要我最坦诚的反馈？你要我帮你解决问题吗？此刻什么对你来说最有用？"作为倾听者，我们总是预设自己想要的帮助就是对方想要的帮助。但通常我们都没有真的帮到他们，也就是说我们没有真的在倾听，因为我们给对方的是自己想给的，而不是对方想要的。

朱莉罹患癌症之后的生活就是一个很好的例子。无论她走到哪里，人们对这个消息的反应都是蹑手蹑脚地绕开这个话题，或者试图说些什么来填补沉默，减少自己的不安。他们没有想要了解朱莉究竟需要什么，而是以一种让自己感觉好一点的方式来做出回应。结果是朱莉觉得自己的心声既没有被听到，也没有被理解。她觉得与她交谈的人并没有真正在场；她想要寻求一种联结，最终却只感到更孤独。

现在请想象一下，下一次当有人试图与你分享一些有关他们故事的真相，想要与你拉近距离的时候，你可以主动问他们，你如何才能给到他们想要的帮助。同理，想象一下，当你和你爱的人分享自己的故事时，如果他们向你提出这些问题，你认为以这种方式感受到理解和关心会带来哪些改变。我们可以为身边的人做这件事，这会让我们感到彼此之间的联结更加紧密。我还要在先前提到过的身体构造（两个耳朵、一张嘴）中添加一个元素：一颗开放的心。

谁是你最好的听众？为什么他们能让你感到被倾听和理解？是你说话时他们注视你的方式，是他们的语气，是他们问的问题，是他们追加的后续提问，还是他们能在你不安的时候陪在你身边？

你上一次感觉真正被倾听和理解是什么时候？谈话的主题是什么？周围的环境是什么样的？你收到了什么样的提示或回应，使你能够轻松地表达自己？

你认为自己是一个好的倾听者吗？为什么？下次你可以做些什么来做

到真正倾听？请写下两个具体的举措。

帮助优化倾听的工具

- 如果你想在别人向你寻求建议之前给出自己的想法，请千万三思。因为你的朋友或爱人或许只是需要有人倾听，而不是要你来解决问题。
- 即便你认为对方已经说完了，也请多给他们几秒钟，不要插嘴回应。有时当你以为别人已经说完了，或许甚至连他们也以为自己说完了，其实他们还没真的讲完。他们只是需要有人对他们说"是吗？有点意思""展开讲讲""有关那一点我还想再搞搞清楚，你能再给我解释一下吗"，又或者只是"你再跟我多说点吧"。
- 请尽量记住，此刻你想给的不一定是他们需要的。如果你不知道他们需要的是什么，那就开口问他们，不要预设答案。
- 用爱引导对话，每个人都需要爱，不是吗？在和自己的内心对话时，也请给予自己同等的充满爱的好奇心。在学习倾听他人的过程中，我们会变得更好，对自己更友善。问问自己：我该如何倾听自己？

愚蠢的慈悲心和智慧的慈悲心

常常有《也许你该找个人聊聊》的读者对我说，能意识到"愚蠢的慈悲心"和"智慧的慈悲心"之间的区别真的非常有用。不过你要记得，好心的朋友才会表现出"愚蠢的慈悲心"。他们相信自己是在表示支持，而且他们不想挑事——但有时挑明真相才是真正的出路。人们总是会对我们说那些我们以为自己想听到的话，但这种迁就反而比坦诚更有破坏力。打个比方，如果你在工作中没能获得晋升，朋友们为了照顾你的情绪，或许会说"他们没认识到你的才能"，而不会真正去思考这种情况接连发生的背后原因。就像某个广为流传的说法："如果你所到的每个酒吧都有斗殴发生，那问题或许就出在你身上。"但愚蠢的慈悲心让我们害怕指出朋友的某些定式，所以我们就只会说些不痛不痒的话："是啊，那个人真是太过分了！你是对的，都是他们的错！"

人们会用愚蠢的善意来对待身边的青少年、自己的配偶、成瘾者，甚至他们自己。与此相对的是佛教徒所说的"智慧的慈悲心"，那就是既关爱他人，又能在他们需要的时候给出充满关爱的当头棒喝。治疗师会怀着智慧的慈悲心为来访者竖起一面镜子，那是一面一尘不染的明镜。治疗师会对来访者说："我将帮助你从全新的角度观察自己，这或许是你之前极力避免的角度，也可能是你未曾发现的角度。但我觉得你会喜欢这个新发现，因为它能让你在生活中变得更加游刃有余。"智慧的慈悲心会推动你做出改变。当人们最初走进心理治疗室时，总是期待别人或别的东西会发生变化。每当此时，我就会提醒他们：你是你人生故事的主角，改变的发生取决于你自己。

上一次别人向你展现愚蠢的慈悲心是什么时候？

如果你想不起来最近一次的情形了，最简单的方法是回想你生活中的艰难时刻。比如你有没有试过跟一个对你很糟糕的人分手——这应该是很具有普遍性的经历了——你可以很容易回过头想一想，"为什么当初没有人告诉我，我就是个受气包"，又或是"为什么没有人告诉我，有时我的行为看上去像是在控制别人，这就是为什么别人总是离开我——而不是因为我不值得爱"。

带着这些思路，想想过去的某个时间点，你的朋友、家人或是爱人是否向你展现过一些愚蠢的慈悲心？

你觉得他们真正想对你说的是什么？

你认为他们为什么不能直言相告？他们会怎样预估你听到真话时的反应？

你希望他们当时能怎样向你展现"智慧的慈悲心"？（请记住，"慈悲"这个词出现在此处是有意义的，它是一种善意的表达。）

📷 第四张快照

在第四张快照中，本着联结的精神，让我们给故事添加一个角色。请回忆你和重要的人在一起的时刻：也许是和一个亲密的朋友在一起，或者和你年迈的父母在一起，或者和你的伴侣在晚饭后遛狗。记录下当你和他们在一起时自己内心状态的快照。那是什么样的状态？和那个人在一起的时候，你的身体有什么样的感觉？你有隐瞒什么吗？你觉得安全还是脆弱，还是两者兼而有之？有什么话是你想说但不能说的？有没有什么是你希望他们看到，但不确定他们是否看到的？你能从一个全新的角度来看待他们吗？

第四次复盘

在下一章节中,我们将从挖掘故事和定式转移到关注影响我们价值观、未来梦想和当前选择的重大问题。在进入下一章之前,请在下面的空白处记录你在转换视角时获得的发现或洞察。你对一个老故事有了新的看法吗?这些洞察有没有帮助你理解日常人际关系中的挑战?关于你为自己和他人选定的角色,你学到了些什么?你希望在未来加强哪些联结?

第 5 章

最深的恐惧、最高的期望——
终极问题

我开始意识到,不确定性并不代表着丧失希望,而是意味着还存在可能性。我不知道接下来会发生什么——这怎能不叫人兴奋呢?

在上一章中，我们了解了借由其他人来帮助自己转换视角的重要性。让我们再剥开更深的一层，看看当我们面对著名学者和精神医学大师欧文·亚隆所说的四个"终极问题"——死亡、孤立、自由和无意义时，又能获得什么样的视角。我们处理这些终极现实问题的方式，可能是决定我们人生故事如何展开的最关键因素。

到现在为止，当你利用这本手册收集到了一些得来不易的洞察，并发掘出了故事情节和叙事角度中可以被调整的地方，我希望你对自己人生故事的认识正逐渐变得清晰。有一位督导曾经说过，在治疗中，改变往往是"循序渐进地酝酿，又出乎意料地发生"。我发现，尝试接近和探索这些终极问题能把我们带到人生旅程的重要转折点：让我们从怀疑走向机遇，从疏离转向联结。这些终极问题是解释一切行为的核心之所在。

比如瑞塔，她最初来见我的时候深陷抑郁。我们深入研究了她为什么会有这样的感受，并为她寻求机会发展与他人的联结。最初她很抗拒，我们甚至无法深入地去探讨那个造就她现状的人生故事——直到我们找到了在背后推动她的那个终极问题：一种无意义感。当瑞塔即将迎来70岁生日时，她表现出来的是懊悔——她觉得自己做过一些"糟糕的决定"，没有过好这一生。这一切都是为了什么呢？她生命的意义在哪里呢？瑞塔必须要去处理那些隐藏在痛苦背后的更有分量的问题，否则她将永远无法改写那让她举步维艰的人生故事。

我们所有人都是如此。亚隆经常将心理治疗视作一种自我理解的存在性体验，正因如此，治疗师总是根据每个来访者的具体情况去调整治疗方式，而不是只关注问题本身。两个来访者可能会遇到同样的心理问题——就好比约翰和夏洛特都不敢在感情关系中表现出自己脆弱的一面——我对他们采取的治疗方法却会有所不同。心理治疗的过程是极其特殊的，没有一种可以重复套用的方式能帮助所有人面对他们最深层的存在性恐惧，也就是亚隆提出的"终极问题"。在本章中，我们将会探究"终极问题"是如何影响你的内心恐惧和人生抉择的。

今日一去不复返

虽然我们可能意识不到，但死亡的威胁常常会影响到我们的抉择、我们和他人的关系以及内心的平衡感。对死亡的恐惧当然是一种本能，我们经常压抑它。但随着年龄的增长，对死亡的恐惧会逐渐增加。我们不仅害怕死亡本身，而且害怕丧失自己的身份认知——失去那个年轻的、有活力的自己。这有时会让我们自暴自弃，有时会驱使我们拒绝成长。但如欧文·亚隆所说，我们对死亡的认识能够帮助我们活得更充实，而且可以减少——而不是增加——我们的焦虑。

起初当朱莉问我是否愿意作为治疗师陪着她走向死亡的时候,我能感觉到自己内心的挣扎。我之所以犹豫,不仅仅是因为在面对年轻的癌症患者这方面缺乏经验;我后来才意识到,我的挣扎更是因为当我看着朱莉死去,我就要被迫面对我自己的死亡,而那时的我还没有准备好。我也跟许多人一样,拒绝直视死亡。我知道生命面对死亡的概率是百分之百,却从未想过将这个统计数字套用到自己身上,去正视我的死亡,正视我的人生。然而,在陪伴朱莉走完人生的过程中,我体会到了为生活赋予意义的重要性——哪怕是面对未知的情况。因为我们并不知道未来会是什么样,所以必须专注于当下。

虽然看起来似乎有些矛盾,但朱莉确实是在被癌症宣判死刑之后才开始拓展自己对生活的憧憬。她会拿各式各样的情形来问我这个想法会不会太出格,比如去某个当地乐队应征当歌手,或是去参加某个电视游戏节目,又或是去尝试某个整整一星期都不能讲话的佛教静修会。为生活引入活力,帮助朱莉抵御了想到死亡时油然而生的悲伤。对于朱莉来说,面对那个无可避免的结局,无论是将它束之高阁,还是企图淡化它,都会扰乱人生故事中剧情的走向。只有像欧文·亚隆说的那样"意识到死亡的存在",朱莉才能将自己的离世融入到整个人生故事里,在最后的日子里过得充实而尽兴。

我们不需要什么可怕的诊断来提醒我们,人能留在这世上的时间是多么有限。但直面自己的死亡,确实可以带给我们勇气和坦诚,也会带来不可思议的释放感。下面这个练习旨在帮助你意识到死亡这个终极问题,这样你才能向死而生,发现更多新的可能性。

为自己撰写讣告

你或许还记得在《也许你该找个人聊聊》中,朱莉和我在她生命的最后几个星期里一直在谈论她理想中的讣告。最后,她的讣告只有一句话:"朱莉·卡拉汉·布鲁,享年三十五岁。她活着的每一天都被深深爱着。"但在那之前,她深刻地思考了自己生命中最重要的是什么,她希望人们记住的是什么,以及有哪些她爱的人应当出现在她的人生故事里。也许你最终也会像朱莉那样,将一切浓缩成一个短句,但我还是想邀请你经历这个用心撰写的过程。请把这个练习看作是讲述你人生故事的另一种方式。如果你必须写自己的讣告,你希望它呈现些什么?你的希望和你现在的生活方式之间有差距吗?如果有,你今天可以做出哪些微小的改变或调整(而不是推迟到明天)?

在朱莉生命中的最后几周，我们探讨了她想如何向自己的家人和朋友告别。你想要留给他们些什么？你又希望他们给你留下些什么？这些是我向朱莉提出的问题，但其实我们每个人都应该常常拿这些问题来问问自己，因为现实是，我们大多数人都不知道自己在何时、会如何死去。

这不一定是为了临终前的谈话做准备——临终对话的场景大多数时候只存在于幻想中。人们也许会希望，在生命最后的几天或最后几小时里能寻得平和、通透、悟得和治愈，但实际临终时的情形往往未必如此。这也就是为什么在当下活出自己想要的样子尤为重要。我们要在有生之日让自己变得更为开放，尽力拓展自己生命的边界。如果我们迟疑太久，到头来只会留下一堆未竟的心愿。

我记得曾经有个来访者，他的生父一直都想和他建立联系，但他犹豫了很多年。当他终于下定决心后才绝望地得知父亲已经陷入昏迷，没有知觉了。一周后他父亲就过世了。有时我们也会过分强调最后一刻的重要性，让它盖过了在那之前发生的一切。我有一个来访者，他妻子在和他发生争执时突然倒下就过世了，当时他还在为自己辩护，解释自己为什么没有完成分内的洗衣家务。"她是因为对我生气才死掉的，她当时肯定觉得我是个笨蛋。"这位来访者说道。但其实他俩的婚姻关系很牢固，彼此也深爱着对方。但就这么一次小争执却成了他们最后的对话，本来无关紧要的一段小插曲却变得有如千斤重。

想一想你最亲近的人。如果你知道自己（或他们）明天就要离世了，你今天会对他们说什么？你想留给他们些什么？你希望他们给你留下些什么？如果你在乎的人不得不面对没有你的生活，你留给他们最大的祝愿会是什么?

着眼于今天

我们会用各种方法来转移注意力,不去正视自己的死亡。加快生活速度就是其中一种方法。我们之所以很难放慢脚步或集中精神关注当下,是因为我们总是在放眼未来,注视着我们自认为"真正的"生活即将开始的那一刻——或许是大学毕业,或许是获得晋升,或许是退休,又或许是搬到新的城市,以为只有到那时自己才能真正开始生活。但你行进的速度越快,看到的就越少,直到你意识到自己的生活只不过是一片模糊。

在我接受临床培训期间,有一天,我在休息室里和其他实习生一起数着我们还需要完成多少小时的治疗时间,计算着自己最终拿到行医执照时都得是多大年纪了。数字越大我们心里就越不好受。这时,一个六十多岁的督导经过休息室，刚好听到了我们的对话。

"不管你们能不能完成那些治疗时间，反正你们总有一天要变成三十岁、四十岁、五十岁。"她说，"这件事发生的时候你是多少岁又有什么关系呢？反正今天过了就是过了，你没法再把它找回来。"

我们都安静了……今日一去不复返。

这是个多么冰冷而可怕的想法呀。我们知道那位督导是想告诉我们一些重要的道理，但我们没有时间，还顾不上思考它。

后来，在温德尔的诊室里，我又想起了这一刻，因为这是我人生故事中一个很重要的主题。

如果你仓促奔向未来，很可能会错过当下的一些东西。所以，让我们停下来，关注一下故事中的"当下"。

你发现自己生活中的哪些事情被仓促略过了？是养育子女、事业、人际关系，还是实现某个特定目标？

你冲向的终点是什么？

如果你意识到今日一去不复返，你眼中的当下会有哪些不同？你满意自己对时间的安排吗？如果能慢下来，你会想停下来享受些什么？你会选择做些什么？你会选择放下什么？你会优先考虑哪些事，并有意为其留出更多空间？

遗愿清单

当身边有亲近的人去世，人们常常会想到要思考一下自己的遗愿清单。就像艺术家坎迪·张，她在 2009 年时把新奥尔良的一处公共外墙改造成黑板，并留下了一道填空题："在我离世之前，我想_____。"几天之内整堵墙就被写满了。人们写下各种答案：在我离世之前，我想跨过国际日期变更线，我想为数百万人唱歌，我想做百分之百的自己……很快，这个创意传遍了全球,各地衍生出上千处相似的墙壁:在我离世之前,我想和我姐姐融洽地相处,我想做一个好爸爸,我想去跳伞,我想为别人的生活带来改变……

我们以为罗列遗愿清单是为了避免遗憾,但事实上我们是在靠它回避死亡。毕竟,遗愿清单越长,我们就越觉得自己还有很长时间可以完成上面的一切。然而,如果要减掉清单上的愿望,就会让我们的否认机制受到微妙的损害,因为这迫使我们要认清一个严峻的现实:我们生存的时间并不是无限的。所以在这个练习中,你的目标清单只有三项。

在我离世之前,我的三个愿望是什么?

1. _____

2. _____

3. _____

当你把遗愿清单精简到极致时,你有什么样的感觉?是受到了鼓舞,还是感到恐慌?从这三个愿望中你能看出自己当下的生活是什么样的吗?

_____
_____
_____
_____

现在尝试写一个相反的遗愿清单。如果你承认生命有时限，你最不想重复做的，或是想彻底停止、不再去做的三件事是什么？

1.

2.

3.

回顾前面的问题，你的答案能不能成为改变你人生故事的催化剂呢，哪怕是以看似不起眼（但有意义）的方式？

与自己相处的能力

第二个终极问题是对孤独的恐惧。单独监禁会让囚犯精神崩溃，是有原因的：孤立会让他们产生幻觉，引发恐慌、偏执、绝望、注意力无法集中、强迫行为以及自杀的念头。当这些囚徒被释放之后，往往会出现社交能力萎缩,无法与他人互动的症状。我常常在想,正常人也一样要适应快速生活所带来的不断增长的渴求和欲望,还有内心的孤独感;出狱的囚犯不过是处在一个更极端的情况下而已。

数百万年来,人类都是代际群聚的生物,直到20世纪的文化(尤其是西方社会的)改变了这种生活方式。从前我们身边总是围绕着许多人,但现在,有数百万人选择独居,或是以小家庭为单位生活。这些新的生活方式让我们拥有了个人隐私和自由,但我们的情感联结却不像从前那么多了。虽然我们的确可以在网上和别人进行交流,但互联网可以是一种良药,也可以是一种毒药。网上冲浪能让我们暂时远离痛苦,但同时也会制造痛苦。当这种赛博安慰剂的疗效褪去时,我们的体验不会有所改善,只会更糟。随着孤独感的增加,我们会越发害怕被孤立,这让我们的人生故事也发生了意想不到的转变。

不少人都有过在别人的陪伴下依旧感觉孤独的经历。有时我们会觉得自己与所爱的人断了联结——比如一个让我们感觉疏离的伴侣;还有一些时候我们会自行制造孤立,用来保护自己。瑞塔、夏洛特和约翰都曾这样做过,尽管方法不同。悲痛让约翰和他深爱的妻子玛戈之间出现了隔阂。在儿子死于车祸之后,他和妻子处理悲痛的方式不尽相同,这让约翰的孤独感与日俱增。玛戈希望两人共同分担痛苦,她想和丈夫谈论盖比,共同消化这件事。约翰却认为自己必须在家人面前保持坚强的姿态,他担心讲出自己的感受会带来不好的结果。当他和玛戈越来越疏远,他的孤独感也越来越强烈,于是新的情节拐点出现了,他的故事走向发生了重大的变化。

在面对痛苦、挑战或其他环境时感到被人隔绝在外,独自一人,孤独落寞——这可能会成为你叙述中反复出现的一个主题,你还会出于一种熟悉的感觉——甚至可能是舒适感，而不断地回到这个主题上。如果孤立和孤独是整本手册中你能产生共鸣的主题，你可以趁此机会更仔细地研究一下这个课题。

生命中的一天

在最平常的一天里，我们也有很多机会去建立联结，但我们往往不是这样看待这个世界的。所以，让我们拿出编辑的铅笔。利用你所学到的有关自己的定式和倾向的知识，看看能做些什么来尝试建立联结——你可以去联络谁？你可以冒哪些风险？不要只列出模糊的假设，而是要尽可能详细地写出这些场景。比如"某个周一早晨，当一起排队买咖啡的人对我微笑时，我不会低下头，而是会回以微笑，跟那个人打招呼"；或者是"今晚吃饭时，我们要关掉电视，这样我和伴侣就可以跟彼此说说话了"；也可以是"午休时我不要留在自己的工位上，我会邀请一位同事和我共进午餐，或是和我一起在周围散散步，这样我们都能呼吸到新鲜空气"；或者"我要去找找夜校的读书小组、健身班，或是发展一些兴趣，好创造机会遇到一些志同道合的人"。

为了深入探索这些可能性，让我们将事情分散到一天中的各个时间段，看看如果你在生活中多加留意，那么在一天里你会有多少机会看见其他人，并让其他人看到你。去与你爱的人，以及更多志同道合的陌生人建立联结，当你更加留意生活中的这一面，还将有可能发现其他想和你建立联结的人。

早晨：

中午：

下午：

夜晚：

回避与接近

约翰和瑞塔都习惯于通过回避亲密关系或情感联结来建立一种保护机制。他们用控制的方式来处理对孤独的恐惧。对许多人来说，发号施令比被人甩在后面的感觉要好得多。但也有人通过追求情感联结来应对他们对孤独的恐惧，就比如夏洛特。她拼命地想要亲近别人，但不可靠的抚养者带给她的经历让她一直选择重复这种熟悉的关系模式。她确实在尝试建立联结，却选错了角度。简单来说，我们都会用不同的方式处理对孤独的恐惧。有些人会把别人推开，另一些人则把别人抓得太紧，但这一切都源于同一种根深蒂固的恐惧——害怕在这个世界上陷入孤独。

当你感到孤独或被孤立的时候，你会做什么？

当我感到孤独,我会:

我接近别人的方式:

我回避联结的方式:

对我来说,如何去建立联结才能带来更多满足感和意义感?

探索你的"荷兰"

第三个终极问题是自由,以及自由给我们带来的所有生存困境。你可能还记得朱莉的朋友达拉给她发来过一篇著名的散文,题为《欢迎来到荷兰》。散文的作者是艾米丽·珀尔·金斯利,一位唐氏综合征患儿的母亲。文章描述了当生活的期许被现实颠覆时,将是一种什么样的体验——这就像是你满心期待要去意大利度假,但当飞机降落时,你发现自己竟身处荷兰。你所有的计划,你想要乘坐贡多拉和参观竞技场的希望和梦想全都泡汤了。你感到无助,感觉自己被困住了——你要面对的是妨碍你获得自由的内在障碍。

但是,金斯利继续说,如果你用自己对未来的憧憬去限定事物"应该"呈现的状况,进而把自己禁锢起来,那你就会错过所有实际存在于你所在地方的美好事物。在"荷兰",达拉找到了能理解她家庭状况的朋友们。她找到了和儿子沟通的方法,她享受和儿子的相处,去爱那个原原本本的他,而不是纠结于他无法成为什么样的人。所以达拉也邀请朱莉去这么做,看看郁金香,看看伦勃朗。

改变和过去的关系是心理治疗中很重要的一部分,我们却很少谈及与未来的关系同样也会影响当下的情况。我们对未来的执念和对过去的执念一样,都是阻碍自己做出改变的绊脚石。我们总是认为未来是以后才会发生的事,却每天都在脑子里构建未来。当此时此刻的一切支离破碎时,与之相连的未来也会随之瓦解。如果没有了未来,那一切情节都将被改写。然而,如果我们把当下的时间花在修改过去和控制未来上,就会怀着无尽的遗憾被困在原地。

我们大多数人都有过这样的经历:生活让我们陷入困境,感觉被困在一个我们从未打算去的地方。但事实上,我们也有很大的自由空间来修改这些故事。所以,让我们来试一试吧。

你的"意大利"(你希望去的地方)是什么样的?

你的"荷兰"(你觉得被困住的地方)是什么样的?

花一点时间去留意郁金香和伦勃朗,让自己畅游在你想象中的"荷兰"。探索一下,这个地方最让你兴奋的是什么?你能在远处看到什么可能性?哪怕你已经在那里待了一段时间了,你还能对哪些事物培养出好奇心?试想一下,怎样才能从僵化的故事情节中释放自己?

我们给自己设置了许多障碍，这些障碍限制了我们的情感自由。各种各样的期望都会限制我们人生故事的灵活性——包括应当如何去看待一切、如何行动、如何在别人和自己的定义下存在于这个世界上。约翰坚信，在盖比死后，守护他的家庭就意味着要保持坚强，不能崩溃。夏洛特认为，只有她的父母做出改变，她才能有所改变。如果他们不对这些期望和笃信加以反省，就会陷入各自的困境。

在这个练习中，我希望你想想那些限制你自由的期望。

示例：

因为我是<u>一个负责任的人</u>，所以我<u>不能辞职</u>。

因为我<u>不是一个爱冒险的人</u>，所以我<u>不能搬去一个新的城市</u>。

因为 _____，所以我 _____。

因为 _____，所以我 _____。

因为 _____，所以我 _____。

因为 _____，所以我 _____。

因为 _____，所以我 _____。

因为 _____，所以我 _____。

现在，让我们再进一步，写下一个不受限的版本。不要写"因为"什么，"所以"什么；试着用"如果"作为句子的开头。

示例：
如果我搬到一个我梦想居住的城市，也许我能遇到志同道合的人。
如果我辞职，也许我能找到自己真正热爱的工作。

如果_____，也许我能_____。
如果_____，也许我能_____。
如果_____，也许我能_____。
如果_____，也许我能_____。
如果_____，也许我能_____。
如果_____，也许我能_____。

虽然我们都愿意给自由的概念赋予积极的联想，但其实大多数人对于自由附带的另一面都存在或多或少的惧怕——因为自由意味着要对自己的生活负责。还记得温德尔给我讲的那个卡通片吗？那个囚犯不停地摇动着铁栏杆，绝望地想要冲出牢笼，但其实在他的左右两边都没有栏杆，他完全可以自由进出！有时我们明知自己可以自由地生活，但就是不肯绕过那些栏杆，因为自由带来了一种令人害怕的责任感。我们会想："如果我为自己的生活负责，我就不能把自己的选择、行为和痛苦怪在别人身上了。一切都要由我自己负责。"

请利用下面的空白处探索一下你害怕自由的那一面，让那些恐惧可以发声。我们的目的是要正视它们，因为当你给它们发声的空间，它们就不会那么吓人了。我们会在最后一章回过头来探讨这个概念。

无意义的意义

在本手册的第一章中,我们探讨过 69 岁的瑞塔正处于艾瑞克·埃里克森提出的心理社会发展的最后一个阶段——"自我实现 / 绝望"的阶段。瑞塔在回顾自己生活时感受到的绝望,就和第四个终极问题——"无意义"有关。当日子一天天接近她的 70 岁生日,死亡似乎也离她更近了,面对自己仿佛毫无意义的生活,瑞塔的忧虑和恐惧日益加剧。在她最初来见我的时候,一切似乎都非常凄凉。她就是一个极度孤独的老人,对生活缺少目标,又充满遗憾。据她所说,从没有人真正爱过她。她父母生她时年纪都大了,她是家中的独生女,父母却与她不太亲近。她说她把自己孩子们的生活搞得一团糟,以至于他们都不跟她讲话了。她没有朋友和亲人,也没有社交生活。她父亲已经过世几十年了,母亲晚年得了阿尔兹海默症,在九十岁时过世了。在人生的这个节点上,瑞塔真心想知道生活的意义是什么。真的有什么可以被改变吗?在她逃避了这么多年之后,现在才想创造有意义的生活是不是太晚了?

正如你从书中读到的那样，一切还不算太晚，瑞塔改写了她的人生故事，并在自己生命的最后几十年里找到了生活的意义。虽然瑞塔无法改变过去，但她可以从过去找到改变未来的方法。

让遗憾来告诉你答案

大多数人在生活中都会感到遗憾。或许你只有少数几个遗憾，也可能你有一屋子的遗憾。不管怎样，面对无意义这个终极问题的第一步就是要以这些遗憾为指引，然后找到自己的目标。请记住，后悔可以有两种作用：要么把你束缚在过去，要么成为推动你改变的引擎。

当你回顾过去，你发现自己纠结在什么样的遗憾中？

你认为这些遗憾对你现在的故事有哪些影响？它们让你不愿意做决定吗，让你害怕与人交往吗，让你无法原谅自己吗，或让你看不到自己积极的品质吗？

改变你的观点，你后悔的事情现在会给你一种目标感吗？前两个习题是否为你提供了一些线索，让你学习把后悔当作改变的催化剂？

谁是照见你理想的镜子？

瑞塔花了大价钱来扩大自己家门上猫眼的可视范围，是为了接近她心中的愿望。瑞塔一生中想要的一切都在她对门那套公寓里：爱、关怀、欢乐和满足。对面的这个"亲人家庭"完美诠释了瑞塔心中富有意义的生活，这也是她从未有机会体验的生活。他们的示范让瑞塔心中的遗憾大为减轻。第一次窥探他们的生活时，她内心翻腾着怨恨。其实她所看到的不仅代表着过去巨大的损失，也象征着未来巨大的可能性——不过她得先意识到这一点。

究竟怎样才算是过着有意义的生活呢？这是一个世纪大拷问，也是一个只有你自己才能回答的问题。"亲人家庭"帮助瑞塔回答了这个问题。有时，或许我们无法准确地说出生活中到底缺失了什么，不清楚什么会让我们感到满足，但当我们看到它时就会知道了。这也许是一位你敬仰的朋友，她以你梦想中的方式开辟了自己的道路；也许是某个兄弟姐妹，他拥有一群可以依靠的亲密朋友。我们都会遇到那面镜子，照见我们内心深处的理想。现在让我们来看看你的镜子。

谁是你的"亲人家庭"？它可以是一个人或一群人，甚至是一次经历。

他们生活的哪些方面对你来说有意义？

你如何根据这些镜子反射给你的东西，开始创造自己生活的意义？

📷 第五张快照

经过了一番深入的思考之后——但愿你在其中也收获了一些快乐——现在是时候为我们的快照集增添另一张内心快照了。思考了人生的终极问题之后,你现在的状态如何?你是否变得更好奇、更充满希望、更受鼓舞?当你抽离出来,透过这些"终极问题"检视自己的生活,你从自己身上、从你的人生故事里留意到了什么新发现吗?

_____
_____
_____
_____
_____
_____
_____

第五次复盘

在下一章,也就是最后一章里,我们将继续努力,为你的故事进行最后一次编辑,借以促成改变。但在那之前,让我们像往常一样记录一些心得。请利用以下空白页,记录你在仔细思考终极问题时发现的任何洞察。哪一个终极问题最能引起你的共鸣?有什么比你想象的更能影响你的人生故事?你有没有发现隐藏在自己视线之外的恐惧?

你是否以某种方式体验到了快乐或意义，将你与一个更真实的自己（一个你一直害怕说出的自己）联系起来？这些终极问题是如何影响你的人际关系的？你对自己老生常谈的故事有什么新看法吗？

第6章

把手从牢笼的栏杆上拿开——从洞察到行动

在某一个时刻，做一个合格的成年人就意味着要对自己的人生负责，并且意识到需要自己为自己做决定了。

当我们阅读别人的故事，总会指出他们在叙事或行动中可以做出改变的地方，这是人之常情。但换作是自己的故事，要做到这一点就困难得多了。但这就是这本手册的初衷——回想一下你是如何借着约翰、瑞塔、夏洛特和朱莉的故事，对自己有了新的认知和发现，然后又是如何坦诚而勇敢地重新构思你自己的故事弧光。通过参与这些练习，你已经开始能像一个编辑那样思考；通过努力领会自己的言外之意，你已经学会了辨别自己人生故事中的定式，也重新认识了你和别人的关系，建立起了借助不同的角度来拓宽视野的技能。

然而，意识只是一个起点。所以我常说，洞察只是心理治疗带来的安慰奖。即便你拥有世上所有的真知灼见，但如果你在治疗之外的现实生活中不去做出改变，那再多的洞察，甚至治疗本身，都将毫无价值。那些洞察让你反问自己："这些事是别人对我产生作用的结果，还是我自己一手造成的？"答案会为你提供选项，但如何做出抉择是你的自由。温德尔曾经说过："生活的本质是变化，而人类的本性是抗拒变化。"这是贯穿《也许你该找个人聊聊》中许多困境的主题：从夏洛特的酗酒问题到瑞塔的自我孤立，都是如此。面对改变，人们总是在万事俱备的时候卡在临门一脚,这不是没有道理的。因为在生活中做出实实在在的改变,是一种自带脆弱属性的行动。当你经过努力获得了一些洞察,也放下了一些防御,改变可以是令人振奋的事,也可能有一点叫人害怕。因为改变和失去总是如影随形。但不舍弃一些东西就无法实现改变,这就是人们总是说着想要改变,却依然驻足原地的原因。这是我们需要努力的关键之所在。理解你想要在人生故事中做出改变的实质,理解你将在改变中失去和得到的东西,是采取行动的先决条件。

这本手册的最后一章将会帮助你从意愿落实到行动,并就目前的最后一次编辑过程向你提供一些建议。之所以说是"目前的",因为故事是随时都可以进行编辑的。我们会先检视一下,看一看你处在落实改变的哪个阶段,想一想你给自己设立的限制,并探索如何才能活得更自由,拥抱更多的可能性。在这最后一次编辑的过程中,我们会回顾你走过的路,并共同规划你的下一步。

改变的阶段

如果说心理治疗是要引导人们从现状走向理想状态,那我们就必须要思考:人类究竟是如何做出改变的呢?在此之前我们已经花了很多时间来解构叙事,为我们想要编辑的各个情节拐点寻找视角,但此刻我们正在触及编辑的核心——怎么做才能真正在故事里删除一些内容,划掉某个句子?

在二十世纪八十年代,一位名叫詹姆士·普罗察斯卡的心理学家提出了"行为转变阶段模式"（TTM）理论。研究表明，人们通常不会像耐克广告语说的那样，或是像立下新年目标那样"说干就干"，而是更倾向于通过一个连续的阶段性过程来达成改变。我欣赏这个理论，因为它体现了改变的渐进性。通常我们不会某一天醒来，就突然决定要终止一场灾难性的婚外情，或是突然决定要戒烟便一蹴而就。有时候可能看上去是这样的，但实际上背后往往要经历一个更长的过程，这个过程大致是这样的：

- 第一阶段：未准备阶段

此时人们还没考虑到要改变。他们并不知道自己存在问题。

- 第二阶段：犹豫不决阶段

人们认识到了问题，愿意谈论它，而且（理论上）并不反对采取行动，但他们似乎就是无法让自己付诸行动。

- 第三阶段：准备阶段

人们打算做出改变，并采取一些具体的准备措施。

- 第四阶段：行动阶段

人们做出改变的行动。

- 第五阶段：维持阶段

人们能维持他们所做的改变。值得留意的是，在这个阶段中，你要对可能发生的旧行为和情况的反复做好心理预期。重要的是，改变维持的时间越长，出现反复的频率就越低。（例如：你最终斩断了一段糟糕的关系，前男友第一次打电话乞求和解，你可能会很想答应。但如果到了第十次呢？你可能就没那么想要复合了。）

在《也许你该找个人聊聊》一书中，夏洛特第一次来找我的时候，她淡化了自己酗酒的问题。尽管我不相信，她依旧谎称自己只是"应酬时才喝几杯"。我意识到，当她谈及自己母亲的酗酒倾向时，她正处于未准备阶段，并没有看到这与她自己的酗酒问题有任何联系。遭遇车祸和酒驾被罚之后，夏洛特进入了犹豫不决阶段，她的意识发生了转变，迫使她承认问题的存在。她的准备阶段始于她"减少"饮酒并开始研究成瘾这个问题。直到她来到我的办公室，让我推荐一个门诊治疗项目，我知道她这才真正进入了行动阶段。夏洛特参加了这个治疗项目，很快就停止了酗酒，进入了维持阶段。

显然，这是故事始末的缩略版本。夏洛特一步步改变的过程不是只有几次情节转折就能概括的。因为在维持阶段，人们会本能地倾向于回归到自己熟悉的状态中，在此期间你需要给予自己非常多的包容和耐心，最终让自己回到正轨上来。但随着时间的推移，你可以看到改变的成效。了解这些阶段，有助于了解你在改变过程中所处的位置。

如果你已经至少确定了几处你想修改的故事情节，那你现在可能处于犹豫不决阶段，或者甚至已经来到了准备阶段，并很快就要接近行动阶段了。在以下的练习中，我们将确定你现在所处的位置，你可能会遇到的障碍，以及接下来可能发生的状况。

回顾一下我们刚刚提到的改变的各个阶段。现在请想着你要进行修改的那个情节或模式。面对这个挑战，你正处于哪个阶段？（提示：你已经不在未准备阶段了，因为你已经说出了你的问题！）

请圈出你所处的阶段：

犹豫不决　　　　准备　　　　行动　　　　维持

如果你处在犹豫不决阶段：要做出这个改变的念头在你心里有多久了？怎么才能帮助你进入下一阶段？做出这种改变有什么让你感到恐惧的地方吗？固有的故事情节（可能是有关你自己的，也可能是关于别人的）会妨碍你吗？

如果你处在准备阶段：开始走向转变的催化剂是什么？你为行动做了哪些准备？

如果你处在行动阶段：你正在采取哪些具体步骤来实现改变？在转变的同时，你可能需要哪些支持？

如果你处在维持阶段：是什么让你感觉到有推动力和清晰的目标？你是否曾经有过退回到旧模式的时候？如果有，你是否能够对自己保持包容？有没有具体的诱因触发这种反复？又是什么让你回到了正轨？

无论你处于改变的哪一个阶段，你下一阶段的目标是什么？把这种改变融入你的生活，会带来哪些积极的感受？在前进的过程中，你的人生故事是否有任何部分需要编辑？

绕过那些栏杆

我们常常会感觉自己被困住了——被自己的思想、行为、婚姻、工作、恐惧或是过往所囚禁。怎样才能摆脱这种感觉呢？为了在我们的生活中做出改变，我们必须先把自己从错误的叙事中解放出来。有时我们会用一套自我惩罚的说词来囚禁自己。如果有两个选项，要我们选择相信其中一项——比如"我不讨人喜欢"和"我讨人喜欢"——即使两边都能找出证据，我们通常还是会选择令自己不好受的那一项。但那是为什么呢？

还记得我在上一章里提到的那部卡通片吗？就是温德尔给我讲的那部。那是一部很出名的卡通片。一个囚犯被关在牢笼里，不停地摇晃着铁栏杆，绝望地想要出去——但其实他的左右两边都是敞开的，并没有栏杆。囚犯只需要绕开栏杆就万事大吉了。但问题是，他并没有看到这个出口，他只觉得自己被困住了，并且惊慌失措。我们大多数人都跟这个囚犯一样，尽管具体情况各有不同。自由通常不会直接摆在我们面前，但它的的确确就存在于我们的内心，在我们的思想里。或许我们已经理解了那些束缚我们的定式和故事，却依然很难将自己的手从栏杆上拿开。我们就是找不到出口。

因为此处有个陷阱：自由涉及责任，而大多数人心里都有害怕担责任的一面。

换句话说，改变可能是一项挑战。这就是为什么人们会采取拖延的方式，或是通过给自己捣乱来避免面对改变，即使那将是积极的改变。因为，当人们不知道改变会带来什么的时候，往往不愿意放弃现有的东西。为了改变，你免不了要放弃一些习以为常、让你感到安心的东西。拿约翰的例子来说,要做出改变,他就必须抛开那个认为自己是"天选之人"的人生叙事。对夏洛特来说,她需要放弃那个想要改变父母的想法。瑞塔则必须停止认为自己是罪有应得的。所有这些都是积极的改变,但过程还是常常令人不安。

我们的牢笼也是一样。不管是出于什么样的原因,每个人的牢笼都十分舒适,但如果我们有勇气离开它们,等待我们的将是自由。所以,让我们花点时间来研究一下这些使我们受困的栏杆吧。

描述一下你在情感上的牢笼。在你的生活中,你在哪方面感觉完全被困住了,看不到一丝逃跑的希望?

通过这本手册你发现了哪些让你陷入困境的定式、信念和叙述方式?那些栏杆困住你多久了?

回顾你在这里所做的练习和付出的努力,你认为怎么做才能把手从栏杆上拿开?

如果你把手挪开,并绕开那些栏杆,你会失去什么?

如果绕开那些栏杆,你会得到什么?

刺激和反应

无论我们的牢笼是什么样的,维克多·弗兰克尔都有办法教我们走出牢笼。弗兰克尔是一位奥地利心理学家,在第二次世界大战期间经历了难以想象的悲剧。虽然他最终走出集中营重获自由,但当他得知自己的妻子、哥哥和父母都已经在集中营中被杀时,他又回到了恐怖的悲剧之中。尽管身处如此让人绝望的境遇,弗兰克尔还是笔耕不辍,撰写了一本有关心理韧性和精神救赎的著作——《活出生命的意义》。他写道:"一个人可以被剥夺任何东西,除了这个人最后的自由——在既定的环境下选择自己抱持什么态度的自由。"事实上,弗兰克尔再婚了,生了一个女儿,出版了大量专著,并在世界各地进行演讲,直到在 92 岁离世为止。

正如弗兰克尔所说并践行的,即便是面临死亡的威胁时,我们依然可以选择如何应对。我的许多来访者也是如此。约翰失去了他的母亲和儿子,朱莉要面对绝症,瑞塔有着让她抱憾的过去,夏洛特的成长历程也相当坎坷——无论是面对极端的重创还是面对家中不容易相处的亲人,我想不出有哪个来访者不适用弗兰克尔的主张。弗兰克尔最常被引用的一句名言非常值得我们深思:"在刺激和回应之间还有一些空间,这个空间允许我们以自己的意志去选择应对方式。我们所做出的回应蕴含着我们的成长和自由。"

弗兰克尔在此处告诉我们的正是改变故事的关键:选择权掌握在自己手中。无论外界的"刺激"是什么——是一种难以平复的丧失,一段婚姻的破裂,还是一段不再能同甘共苦的友情,我们都可以选择如何回应。这是因为我们拥有自由以及附带的责任——我们是自己生活的创作者。自己的故事要由自己来写。我们或许不是总能选择环境，但我们可以选择如何回应。所以在下一个练习中，我们就来深入研究一下刺激和回应之间的空间。

想着你要改变的那个行为模式或关系。举例来说，刺激可能是你母亲说的一句话，或是你的伴侣说好要帮家里做一件什么事却掉链子了。你的回应或许是失望地对他们翻了个白眼，也可能是对他们说了些之后会让自己后悔的冷嘲热讽。

试想一个生活中在刺激和回应之间需要更多空间的情况。这是一个什么样的情况，或者说刺激源是什么？请写下来。

刺激：

通常你会对这种刺激做出什么样的回应？
通常的回应：

思考两者之间的空间，集思广益，为一种刺激多想几种回应方式。写下这些备选的回应方式。

备选回应一：

备选回应二：

备选回应三:

现在,我们要试着重写了。这些不同的回应方式将如何改变你故事的情节?

你内在的治疗师

在最后一次治疗中,朱莉告诉我,她希望人们会想到她,就像她在两次治疗之间会想到我。她解释说:"有时我在开车,我会突然对一件什么事情感到惊慌,但接着我会听到你的声音,我会记起你说过的一些话。"对大多数来访者而言,在两次治疗之间的日常生活中时常想到治疗师说的话是一种常见的体验。这也可以用来检验来访者的治疗是否就快走到终点了——如果一名来访者会把治疗师的声音放在心上，将治疗师的话应用到实际情况中，那他就能逐渐脱离心理治疗了。来访者在治疗临近尾声的阶段可能会向治疗师报告说："我最近觉得有点沮丧，但接着我就想到了你上个月说的话。"

我希望你能通过这本手册上的练习，使你自己的声音变得越来越强。你应该学到了要密切关注自己脑海中的对话。我在《也许你该找个人聊聊》一书中写道：有时我们明明拥有一把钥匙，能打开更好的未来，却总是需要有人提醒我们一下，钥匙被我们遗忘在哪儿了。对许多人来说，这个人是心理治疗师，但有时候，这个人也可以是你自己。所以，为什么不趁此机会来塑造自己内在的那个治疗师的声音呢？想象这个声音和它的智慧都来自你的内心深处。这个声音应当充满善意、慈悲和好奇。通过这本手册，你已经在人生故事中找到了一些关键的部分，这些部分对你拥有更自由、更有意义的生活来说是至关重要的，你内在的治疗师的声音，应当提醒你给这些部分足够的关注和空间。

有哪些重要的想法、点子和经验法则是你内在的治疗师能提醒你的？就像瑞塔会经常提醒自己："别搞砸了，姑娘！"

_____

_____

_____

_____

_____

📷 最后一张快照

在这本手册里，你总共记录下了五张自己的快照。针对最后一张快照，我希望你能回顾一下整本手册，并阅读之前的每一张快照。这些瞬间所讲述的最重要的故事是什么？出现了哪些主题？哪几处的编辑最有用？你会给每张快照起什么样的标题？你会给当下的故事定下什么样的标题？

_____
_____
_____
_____
_____
_____
_____
_____

最后的复盘

《圣经》里有一句话，大致意思是说："你得先放手去做，然后才能有所领悟。"有时候就是这样，你必须放手一试，从行动中去体验，最终意义才会显现。摒弃自我限制的思维是一件事，让自己做事不那么束手束脚又是另一回事。从言语到行动的转化，拥有实现改变的自由和可能性，将洞察融入到经验层面——所有这一切，会帮助我们迈出下一步，迈出一步又一步。

在最后一次复盘中，想一下哪个行动最让你为之振奋？未来哪个故事情节的拐点让你心中充满喜悦？

（正文完）

鸣谢

没有一些关键人物的帮助,就不会有这本手册。在此我要对他们表示感谢。

感谢卡尔森·莫尔斯(Karsyn Morse)和PESI的整个团队,他们从一开始就给予了我难以置信的支持和热忱。在这个重要的项目上,他们是我最好的合作伙伴,他们团队的才能、他们给予我的耐心和对我的意见表现出的尊重,对我来说意义重大。能与他们合作真是三生有幸。

感谢劳伦·哈姆林(Lauren Hamlin)和大卫·霍奇曼(David Hochman)在这本手册的撰写和编辑过程中提供的协助和合作。感谢你们帮助我以我期待的方式传达了我的想法。我为我们创造的一切感到骄傲。

感谢苏珊·格鲁克(Suzanne Gluck),你总能从无到有地创造成果。

感谢《也许你该找个人聊聊》的热心读者,"亲爱的治疗师"播客的听众,还有社交媒体上的社群,感谢你们提议我创作这本书。我希望使用这本手册的过程让你们有所收获,因为我在撰写它的过程中也获益匪浅。让我们一起编辑自己的人生故事吧!

梦境日记

梦的标题: _____

日期: _____

梦境简述:

_____

_____

_____

_____

_____

梦中出现的角色:

_____

_____

_____

_____

_____

梦境主题：

梦的解析：

梦境日记

梦的标题：

日期：

梦境简述：

梦中出现的角色：

梦境主题：

梦的解析：

梦境日记

梦的标题：_____

日期：_____

梦境简述：

_____

_____

_____

_____

_____

_____

梦中出现的角色：

_____

_____

_____

_____

_____

梦境主题：

梦的解析：

也许你该找个人聊聊自助练习手册

作者＿洛莉·戈特利布　　译者＿张含笑

产品经理＿周喆　　内文设计＿吴偲靓　　装帧设计＿张一一　　产品总监＿阴牧云
技术编辑＿顾逸飞　　责任印制＿刘世乐　　出品人＿贺彦军

营销团队＿果麦文化营销与品牌部

果麦
www.guomai.cn

以 微 小 的 力 量 推 动 文 明

图书在版编目（CIP）数据

也许你该找个人聊聊自助练习手册/（美）洛莉·戈特利布著；张含笑译.-- 上海：上海文化出版社，2023.10

ISBN 978-7-5535-2835-9

Ⅰ.①也… Ⅱ.①洛… ②张… Ⅲ.①心理调节-手册 Ⅳ.①B842.6-62

中国国家版本馆CIP数据核字（2023）第188540号

著作权合同登记号 图字：09-2023-0840 号

MAYBE YOU SHOULD TALK TO SOMEONE: THE WORKBOOK by Lori Gottlieb
Copyright © 2021 by Lori Gottlieb
Published by arrangement with William Morris Endeavor Entertainment, LLC through Andrew Nurnberg Associates International Ltd.
Simplified Chinese translation copyright © 2023 by GUOMAI Culture & Media Co., Ltd.
ALL RIGHTS RESERVED

出 版 人：姜逸青
责任编辑：郑　梅
特约编辑：周　喆
封面设计：张一一

书　名：也许你该找个人聊聊自助练习手册
作　者：[美] 洛莉·戈特利布
译　者：张含笑
出　版：上海世纪出版集团　上海文化出版社
地　址：上海市闵行区号景路159弄A座2楼　201101
发　行：果麦文化传媒股份有限公司
印　刷：嘉业印刷（天津）有限公司
开　本：710mm×1000mm 1/16
印　张：10.5
字　数：120千字
印　次：2023年11月第1版　2023年11月第1次印刷
印　数：1—12,000
书　号：ISBN 978-7-5535-2835-9 / I · 1096
定　价：39.80元

如发现印装质量问题，影响阅读，请联系 021—64386496 调换。